结 构 札 记

曲 哲 著

中国建筑工业出版社

图书在版编目（CIP）数据

结构札记/曲哲著. —北京：中国建筑工业出版社，
2014.2（2023.9重印）
ISBN 978-7-112-16183-6

Ⅰ.①结… Ⅱ.①曲… Ⅲ.①建筑结构-抗震结构
Ⅳ.①TU352.1

中国版本图书馆 CIP 数据核字（2013）第 287539 号

结 构 札 记

曲 哲 著

*

中国建筑工业出版社出版、发行（北京西郊百万庄）
各地新华书店、建筑书店经销
北京科地亚盟排版公司制版
建工社（河北）印刷有限公司印刷

*

开本：787×1092毫米　1/32　印张：7　字数：170 千字
2014 年 7 月第一版　　2023 年 9 月第五次印刷
定价：**28.00** 元
ISBN 978 - 7 - 112 - 16183 - 6
（41320）

本书在回顾地震工程百年历程的基础上，介绍了地震工程的基本概念，以减震、隔震技术为切入点，探讨了以追求高韧性为特征的当代地震工程的发展趋势，剖析了汶川地震、东日本地震和芦山地震在建筑结构震害和恢复重建方面的特征。本书还撷取环太平洋地震带上的代表性建筑，追溯了百年抗震背景下现代建筑的百年梦想。在本书的最后，还简要探讨了结构工程师的自我定位。

　　本书内容由点及面，深入浅出，具有内在的系统性，可供结构工程与地震工程相关专业人员参考，也有助于非专业人士走近地震，了解地震工程的最新动向。

责任编辑：赵梦梅　田立平
责任设计：董建平
责任校对：李美娜　赵　颖

序

　　建筑不仅是一座城市的文化和历史的载体，是人们在学习工作之后身体得到休息和心灵得以安息的居所，更是遮风避雨的庇护所。而相对于风雨等自然现象，强烈地震发生时建筑还应能够保护居住者的生命，也就是说建筑本身也是人们的生命庇护所。谢礼立院士曾指出："地震灾害的本质其实就是土木工程灾害。"中国地震局工程力学研究所孙柏涛研究员也说过："建筑离你有多远，地震就离你有多远。"一座优秀的建筑一定有一位优秀的结构工程师，其优秀之处不仅体现在实现了建筑师的创意，更在于确保建筑师的作品能经历风雨和其他自然灾害，其中地震最可能导致建筑破坏甚至倒塌，历史上许多优秀的建筑因地震而消失，使现代的人们无法一睹其精彩的芳容，只能在一些遗址上想象那些建筑之美。

　　1976 年在我上中学期间发生了唐山大地震。虽然远离唐山地震灾区，但我所居住的地方的人们在唐山大地震后大半年的时间里都是在防震棚中度过的。在东南大学学习期间我又经历了 1979 年 7 月 9 日江苏省溧阳 6.0 级地震。学校专门组织我们土木系的学生到溧阳地震灾区考察，初步获得建筑抗震的有关知识，至今仍记得当时考察的经历。研究生阶段开始接触建筑结构抗震方面的研究。2008 年汶川 8.0 级特大地震造成的大量人员伤亡基本都是建筑倒塌造成的。2008 年汶川 8.0 级特大地震发生后，我第一时间赶赴灾区进行考察，获得了许多第一手震害调查资料，期间我的学生曲哲也几次一同前往灾区考察调研，并开展了相关研究工作。其博士论文也是围绕结构抗震设计理论和方法领域开展工作的。

曲哲出生于古都西安，文笔很好，在攻读博士期间针对课题研究、社会热点问题和生活中的方方面面写了不少博客，还获得过中国科协的优秀科技博客奖。攻读博士期间，曲哲于2008年赴日本跟随日本著名建筑结构抗震专家和田章先生继续从事建筑结构抗震研究方面的交流合作研究。在此期间，他最先将摇摆墙结构抗震控制技术引入我国，并积极总结了日本的建筑结构抗震加固方法，一些研究心得也时常在博客上出现。2010年在清华大学取得工学博士学位后，曲哲再次东渡日本，跟随和田章先生继续从事相关研究工作。日本的建筑抗震技术在国际上是先进的，曲哲也时常将在日本期间参与或了解到的抗震技术的新进展和点滴感悟发表在博客上，其中也包括许多他所喜爱的建筑。这段时间我时常看他的博客，感觉其中有许多有价值的东西，因此建议他将有关建筑结构的博文整理结集，于是便有了这本《结构札记》。书中内容涉及建筑结构抗震的发展历史和基本知识、国际前沿的抗震技术、近年来几次大地震的典型震害，以及他所喜爱的优秀建筑。希望这本书的读者能够以一种轻松的阅读方式思考建筑抗震的各个方面，让我们能够留住更多给我们带来美好生活的建筑。

叶列平
2013 年 7 月 16 日于清华大学

回到原点，做更好的建筑^❶

　　建筑在衣食住行中占有一席之地，足见其重要。它为我们的人生提供了一个大舞台。住宅的兴建、办公楼的完工、城市里新剧场的落成，都值得人们纪念。建筑一边勾勒我们的生活街区，一边孕育着历史与风土。不论是传统建筑、摩天大楼、乡土住宅，还是世界上各种各样不同的文化与空间，都丰富着我们的知识与心灵。

　　建筑的另一个重要使命是守护我们的生命和财产。人类娇小而柔弱，建筑却庞大而坚硬。人们兴建建筑，发展城市，自然希望它们在自然灾害面前能够保护我们的生命和财产，即建筑不会倒塌，即使有所损坏也应在很短的时间内修复，使社会经济活动得以恢复正常。这样看来，从事建筑工作的我们，实际担负着培育心灵与文化的重大责任。

　　2011年3月11日的东日本地震造成日本自1923年关东大震灾以来最为惨重的一次自然灾难，约两万人失去了宝贵的生命。天灾之中还有人祸。就在今天早上，我听新闻里说有个小孩子在作文里写道："真的是东京电力的错吗？或者是核电站的错吗？难道不是一天都离不开电力的全体国民的错吗？"回想起东京市长石原慎太郎曾说过"建核电站是为了让东京的赌场灯

---

❶ 本文系根据东京工业大学名誉教授和田章（Akira Wada）先生于2011年就任日本建筑学会第52代会长时的致辞以及相关访谈记录整理、编译而成。相关日文原文曾刊载于由日本建筑学会发行的《建築雑誌》2011年6月号和7月号。

火通明"这样的话，真不知我们到底都干了些什么。

稍稍回溯一下历史，日本在江户末年明治初年的时候，人们都还穿着和服，住在通风良好的住宅里。也正是从那时开始，日本开始接受欧洲"富国强兵"的文化。现在大家都穿西装，我也经常会打领带，而这不过是为了带来一点过气的英伦风情而已。今年八月我漫步于伦敦街头时，身着西装感觉正合适。但英国与日本的风土人情毕竟迥异。我不禁要问，作为一种时尚，在日本大行其道一百多年的西方文明真的是好的吗？

从事建筑工作本应是很快活的事情。年轻人买房很不容易。通常有能力买房或是建造私宅的人都有健康而幸福的家庭，并且对房子怀有一种期待。办公楼、工厂的建设也是这样，我们的客户总是健康而富有朝气的。与之相反，从事律师、医生等职业的人，总在解决纠纷或是给病人看病，眼前所见大多是生了病的人。从事建筑的人拿着别人的钱设计建造自己心中的建筑，我觉得这种好事儿怕是绝无仅有了。建筑上的难题固然很多，并且不得不认真对待，但一想到建筑竟是这么好的职业，也应该拼命努力才对。怀着这样的心情方可创造出优美的城市，文化也随之而生了。

从城市与文化的角度看，如果去日本海一侧的那些曾经古朴而美丽的街道走一走，便会发现许多不协调的建筑。不论走到哪里，车站前的广场都是一个模样。虽说是特意要做出一个模样，以免出现什么奇奇怪怪的东西来，但设计还是要认认真真地用心去做啊。说到设计，之前曾有几次因为飞机晚点而在埃罗·沙里宁设计的华盛顿杜勒斯国际机场滞留了好几个小时。这座被载入建筑学教科书的候机楼，至今还能很好地发挥作用。而在它之后修建的日本羽田机场的候机楼好像已经废弃了吧。现在的候机楼其实是后来增建的。认真地做设计，让建筑能够长期地发挥作用，是一件非常重要的事。

结构工程师也是一样。仅仅关注于那些复杂晦涩的法律法规，大多数设计工作又依赖计算机程序来完成，就无法用心感受那些住在建筑里的孩子们和指望在这座建筑里安度晚年的爷爷奶奶们的心情。城市里人口越来越密集，乡村的房子又都盖成了一个模样，这里面都缺乏深入的思考。在这种意义上，我认为我们应该回到原点，认真地去思考一个最基本的问题：为何而建筑？

和田章　作

曲　哲　译

2011 年 7 月于东京

目　　录

CONTENTS

CONTENTS

1　地震工程初探

百年抗震

话说百年，总觉沉重。写在开篇，却有厚积而薄发之意。百年抗震发生了太多事情，这里只能挂一漏万，希望能大致描绘出地震工程的发展历程。

震度法

故事至少可以追溯到一百多年前。1906 年发生在美国旧金山的 M7.8 级地震造成至少三千人死亡。震后，年轻的日本工程师佐野利器（如图 1-1 所示）来到旧金山考察震害。回到日本后，佐野利器于 1914 年发表了《房屋抗震结构论》[1] 并取得博士学位。他在论文中提出了"震度法"，建议在结构设计中除了考虑竖向荷载之外，还应该考虑相当于 0.3 倍房屋自重的侧向力的作用。而在此之前，1908 年发生在意大利的 M7.5 级墨西拿地震夺走了超过 7 万人的生命，促使意大利开始将地震引起的水平惯性力简化为静力荷载对建筑结构进行抗震设计。这些都成为现代建筑抗震设计的起点。

给房子施加一个水平力，有点儿类似于把房子的一边抬起来，让它倾斜。比如要让房子承受相当于 0.3 倍自重的

图 1-1　佐野利器
（1880～1956）

水平力作用，可以像图1-2那样让它倾斜17°。这恐怕是人为地给房子施加水平力的最简便方法，因此至今仍有人采用这种方法测试结构模型抵抗水平作用的能力。他们只需要先在一个比较结实的平台上搭建模型，然后用千斤顶把平台的一边顶起来，让它倾斜一定的角度，看模型会不会垮掉。

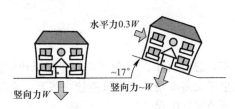

图 1-2　作用在建筑结构上的竖向力与水平力

　　日本建筑师和工程师们积极吸取 1906 年旧金山地震震害的教训，在推动日本建筑抗震发展方面做了大量的努力。这些努力在 1923 年日本关东大地震中得到了回报。M_L7.9 级的关东大地震虽然造成将近十万人死亡，成为 20 世纪日本遭受的最严重的一次地震灾害，但在这次地震中，按照震度法设计的房屋的抗震性能得到了检验，抗震设计的必要性和有效性也得到了充分的验证。1924 年，日本颁布了新的建筑设计规范，正式提出在建筑结构设计中应考虑相当于 0.1 倍重力加速度的地面水平加速度引起的惯性力作用❶。在 1925 年发生在美国 Santa Babara 的 M_L6.8 级地震之后不久，美国 UBC 规范（Uniform Building Code）也开始采用震度法，规定在结构抗震设计中应考虑相当于 7.5％～10％自重的水平地震作用。

---

　❶　当时日本建筑设计规范采用容许应力法。材料的容许应力是材料强度的 1/3。地震是一种偶然荷载作用。如果允许在抗震设计中使用材料强度而非容许应力，则这里的 0.1 与佐野利器最初提出的 0.3 是一致的。

　　别忘了在那个年代，计算尺是结构工程师的得力助手。分别于 1936 年底和 1937 年初建成通车的旧金山海湾大桥（San Francisco-Oakland Bay Bridge）和金门大桥（Golden Gate Bridge）就是在这样的计算条件下完成的。当时的地震工程研究也是在这样的条件下开展的。这与如今的计算条件相比可谓天壤之别。但时至今日，仍有不少从事结构工程研究的所谓专家片面地认为建筑抗震无非是个水平力。如果你遇到有人这么说，那你可以放心地发表自己的意见了，因为他的观点仍然停留在将近一百年前。很快人们就发现，地震作用绝不仅仅是一个水平力那么简单。

反应谱

　　抗震设计理论在震度法之后的另一个重大突破是反应谱方法的建立。它标志着人们开始将地震作用作为一种动力作用而非静力荷载加以研究。线弹性单自由度体系的反应谱最先由美国加州理工大学（Caltech）校友 Maurice A. Biot（如图 1-3 所示）于 20 世纪 30 年代提出并逐步完善[2][3]。所谓反应谱，是指结构自振周期、阻尼比等结构动力特性与结构在地震作用下的最大反应之间的关系。比如，两层砖房的自振周期往往很短，而二十层的钢结构办公楼则具有很长的自振周期。在相同的地震动作用下，两者上部楼层受到的水平加速度将很不相同。这是震度法没有考虑到的。从图 1-4 可以直观地看到反应谱的模样。别忘了在 20 世纪三四十年代人们并没有多少可靠的强地震动记录。即使有那么一些，也缺少足够的计算条件来分析它

图 1-3　Maurice A. Biot
（1905～1985）

3

们。就是在这样的条件下，Biot 指出对于 0.2s 或更长的自振周期，反应谱大致呈双曲线型下降，而对于更短的自振周期，反应谱随周期的增大而线性增大（如图 1-4 所示）。十几年后，Caltech 的另一位校友，一位被历史铭记的地震工程学者——George W. Housner（如图 1-5 所示）终于有机会分析了三条实际强地震动记录，并得到了如图 1-4 所示的对应于不同阻尼比（ζ）的平均反应谱[4]。

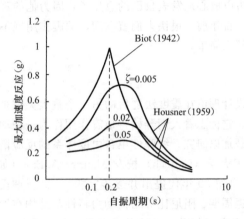

图 1-4　早期的加速度反应谱

在 20 世纪六七十年代，地震工程研究的主要方向之一是设计反应谱的建立。这是三四十年代建立起来的反应谱方法走向实用的不可缺少的一步。在这个过程中，美国斯坦福大学校友 John A. Blume（如图 1-6 所示）通过自己的工程实践与研究活动，为推动地震工程的发展做出了杰出贡献，也为自己赢得了"地震工程之父"的美誉。现在，反应谱已经在地震工程界无人不知，并且仍然是各国抗震规范中规定设计地震作用的标准形式。有些年轻的学生甚至可能以为所有人（不论是否从事地震

图 1-5　George W.　　　　图 1-6　John A. Blume
Housner（1910~2008）　　　　（1909~2002）

工程方面的工作）都应该熟知反应谱，以至于在答辩时如果突
然被问到"什么是反应谱"，反而会不知所措。

非线性

　　像其他许多学科一样，在 1948 年第二次世界大战结束之
后，地震工程取得了长足的发展。其中一个主要的推动力是计
算机的出现与普及。计算条件的极大改善使人们有可能对结构
进行更加细致的计算分析。在利用计算机解决地震工程问题方
面，美国伊利诺伊大学香槟分校（UIUC）的 Nathan M. New-
mark（如图 1-7 所示）教授建立的逐步数值积分方法[5]和美国
加州大学伯克利分校（UC Berkeley）的 Ray W. Clough（如
图 1-8 所示）创立的有限元方法[6]为结构地震反应分析奠定了
基础。

　　计算分析手段的进步使人们有可能开始关注结构在地震作
用下的非线性行为。以日本东京大学的武藤清先生（Kiyoshi
Muto）为代表的日本学者再次走上前台。他带领同事们开发出
了专门用于建筑结构非线性地震反应分析的模拟计算机

5

图 1-7　Nathan M.
Newmark（1910～1981）

图 1-8　Ray W. Clough
（1920～）

SERAC，并成功分析了具有五个自由度的结构体系的非线性地震反应。以现在的计算水平，这根本不算什么，研究生完成课程作业可能都会用到比这复杂得多的计算，但这在当时却是划时代的研究成果。关于武藤先生，在下文提到高层建筑抗震设计时还会专门介绍。

　　为了掌握材料、构件，乃至整个结构的非线性行为的基础数据，研究者们开始进行大量的不同规模的结构试验，并提出了多种多样的模型来模拟这些非线性行为。图 1-9 所示是两种至今仍非常常用的非线性单轴应力应变关系模型。图 1-9（a）所示是钢材的滞回模型[7]，图 1-9（b）所示是经常用于模拟钢筋混凝土构件受弯行为的武田模型[8]。

　　与大量结构试验相伴的是结构试验设备与试验技术的长足发展。1972 年，UC Berkeley 建成了至今仍在发挥重要作用的模拟地震振动台。台面尺寸约为 6.1m（20 英尺）见方，可承载试件的最大重量约为 52t，最大高度约 12.2m。台面可以产生三个平动方向和三个转动方向共六个自由度的运动。结构试验设备的发展一直是地震工程中一个不可忽视的推动力量。随着

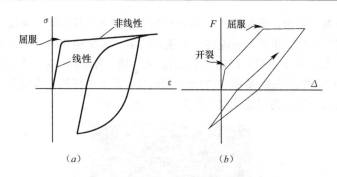

图 1-9　材料与构件的非线性模型

(*a*) Menegotto and Pinto（1973）；(*b*) Takeda et al.（1970）

近年来我国经济水平的不断提高，许多大学和研究所也纷纷开始大搞建设，好像不建个振动台就不足以彰显自己在地震工程领域的存在似的。但应该明白，设备自己是不会做研究的。

高层化

　　1960 年第二届世界地震工程大会（WCEE）在日本东京召开。这次大会几乎成为在像日本这样的地震多发地区建设高层建筑的动员大会。在随后建筑抗震设计向高层化发展的潮流中，武藤清（如图 1-10 所示）的名字是无法回避的。

　　从事土木工程的人不一定熟悉武藤清这个名字，但一定知道用于计算框架结构在水平力作用下的内力分布的 D 值法。这一方法便是武藤先生在八十年前提出的。武藤先生在六十岁那年（1963年）从东京大学退休，出任日本最大的建筑综合承包商之一鹿岛建设的执行副

图 1-10　武藤清

（Kiyoshi Muto）

（1903～1989）

总裁。很快，鹿岛建设于 1968 年在东京建成了日本第一座高层建筑，也是世界主要地震带上建成的第一座高层建筑——地上 36 层，地下 3 层，高达 156m 的霞关大厦（Kasumigaseki Building）（如图 1-11 所示）。它成为当时日本最高的建筑，也成为日本乃至世界高层建筑发展历程上的一个里程碑。

图 1-11 霞关大厦

地震动

1978 年在美国夏威夷召开的国际强震仪台阵研讨会上，与会专家建议在全球六个地点优先布设强震仪台阵，台湾地区即是其中之一。1980 年台湾东北部罗东地区的 SMART-1 强震观测台阵应运而生。迅速扩充的强地震动记录数据库成为这一时期地震工程研究的重要进展。这为地震学的研究提供了宝贵的数据，也为强地震动模拟打下了基础。

建设场地的强地震动模拟主要涉及三方面内容，即建立针对特定场地的地表岩层反应谱，生成与反应谱相适应的地震动时程记录，以及针对特定场地的场地反应分析。如果从这里向前回望，与佐野先生最初提出的 0.3 倍自重的震度法相比，如今以大量地震动记录和模拟地震动为基础的地震危险性分析已经变得理论性很强而不容易被结构工程师所掌握了。地震工程一路走来，曾经合二为一的结构工程与工程地震逐渐分道扬镳。现在，搞结构抗震的人与搞地震动的人经常难以交流了，因为他们通常具有很不相同的知识背景。知识的分化固然有助于科学的进一步精进，但对于解决实际问题而言，这样的分化恐怕只会使问题变糟。

进入 21 世纪，地震工程涵盖的领域越来越宽，从传统的结构工程、工程地震到越来越多社会科学的加入，跨领域的合作与交流已经必不可少。所有这些拓展都有一个内在的动力，那就是地震工程的初衷——减少地震对人类社会造成的损失。

地震的大小

知己知彼，百战不殆。但当面对的敌人是地震时，我们能够知道的真的非常有限。尽管如此，还是先从"知彼"开始吧。

震级和烈度是衡量地震的大小时经常使用的两把尺子，它们之间有千丝万缕的联系却又有本质的不同，不能不加以区分。就像是放个爆竹，爆竹本身释放的能量是一定的，几十块钱买的大爆竹和几块钱的小爆竹不可能一样。但点着爆竹后你跑得越远，听到的响儿就越小，或者你躲到墙后面，听到的响儿也会变小。如果把地震看作一支点着的爆竹，震级就像爆竹的大小，烈度就像你听到的响儿。

震级

播报关于地震的新闻时，除了时间、地点之外，总少不了要说一下是个几点几级的地震，这便是震级（Magnitude），它是衡量地震大小的一把尺子。但地震震级可不像苹果的重量那样容易确定。从概念上讲，它反映的是一次地震释放能量的多少。能量这东西看不见摸不着，如何量测？早期的方法是直接用地震动的峰值位移来估算地震释放的能量，如式（1-1）所

示。大家耳熟能详的"里氏震级"（Richter Magnitude）便是如此。里氏震级又称"局部震级"，记作 M_L。下标 L 代表 Local，表示它是由局部的强震仪数据计算得到的。

$$M_L = \log_{10}\left(\frac{A}{A_0(D)}\right) \qquad (1\text{-}1)$$

其中，A 是强震仪记录的地震动最大位移，A_0 是关于震中距 D 的经验函数。

图 1-12　Charles
Richter
（1900～1985）

里氏震级简单易行，从 20 世纪 30 年代开始延用了几十年，不但被地震工程界熟知，也通过新闻媒体被公众所熟知。据说 Caltech 的 Charles Richter 教授最初决定制订一个震级标准正是为了应付新闻记者的询问。慢慢地人们发现里氏震级存在一些不足，比如它不适用于强震仪距离震中位置较远（比如 600km 以上）的情况，另外它存在"震级饱和"的问题，即当震级较大时，它似乎不再能正确反映地震释放能量的大小。

20 世纪 40 年代出现的面波震级（Surface-wave magnitude，记作 M_s）是对里氏震级的一种修正。它在一定程度上改善了里氏震级的震级饱和问题，但并未根本解决这一问题。式（1-2）

是 Caltech 的 Beno Gutenberg 教授（1889～1960）提出的面波震级的计算公式[9]。

$$M_s = \log_{10}A + 1.656\log_{10}D + 1.818 + C \qquad (1\text{-}2)$$

其中，A 是强震仪记录的地震面波水平成分的最大地动位移（以微米为单位）；D 是以角度为单位的震中距，在 $15°\sim130°$ 之间取值❶；C 为台站修正系数，与场地条件和设备性能有关。

面波震级继承了里氏震级计算相对简便的优点，便于在地震发生后迅速向公众发布地震震级信息。我国与日本在播报地震时仍主要采用面波震级，但具体的计算公式有所不同。我国国家标准《地震震级的规定》GB 17740—1999 明确规定，地震震级用地震面波测定，且按式（1-3）计算。

$$M_s = \log_{10}\left(\frac{A}{T}\right)_{max} + 1.66\log_{10}D + 3.50 \qquad (1\text{-}3)$$

其中，T 是地震面波的相应周期。

日本气象厅所采用的面波震级的计算公式在形式上与 Gutenburg 建议的公式类似，但更为复杂，可称之为"日本气象厅震级"，记作 M_j。

里氏震级和面波震级虽然计算相对简便，但不同台站往往会得到不同的震级数值，发布的震级是多个台站得到的震级数值的平均值。这样一来，随着地震发生后获取的数据的不断增加，发布的震级数值也会随之调整。比如，2011 年日本东北地震之后，日本气象厅最初发布的速报震级是 $M_j7.4$ 级，后来改成 $M_j7.9$ 级、$M_j8.4$ 级，这一过程也反映了综合分析大量强震台站数据的过程。

20 世纪 70 年代，Caltech 的金森博雄教授（Hiroo Kanamori，1936～）提出的矩震级（Moment Magnitude，记作 M_w）克

---

❶ 1°代表地球赤道长度的 1/360。

服了里氏震级和面波震级物理意义不明确和震级饱和等缺陷，逐渐被广泛接受，成为目前世界地震学界采用的标准震级❶。矩震级物理意义明确，是因为它直接是地震矩 M_0 的函数，而地震矩 M_0 具有能量的量纲，与地震释放的能量成比例。在矩震级计算公式（1-4）和式（1-5）中，取 M_0 的单位为 dyne·cm（$=10^{-7}$N·m），2/3 和 10.7 的修正系数均是为了在中小地震下与里氏震级相兼容而确定的。对于中小地震（如震级小于7.0），里氏震级和矩震级往往是一致的，但对于大地震则很不相同。

$$M_w = \frac{2}{3}\log_{10}(M_0) - 10.7 \qquad (1-4)$$

$$M_0 = \mu \cdot D \cdot A \qquad (1-5)$$

其中，μ 是地壳岩层的剪切模量，通常取 $30 \sim 32$GPa；D 和 A 分别是断层面的平均滑动和断层破裂面积。

从式（1-1）～式（1-5）可以看出，不论是里氏震级、面波震级还是矩震级都是以 10 为底的对数形式。震级 M 每增大0.2 级，地震矩 M_0 将翻倍；震级 M 每增大 1 级，地震矩 M_0 将变为原来的 $10^{1.5} = 31.6$ 倍。根据这一关系，2011 年 M9.0级的日本东北地震所释放的能量是 2008 年 M7.9 级汶川大地震的 44.7 倍❷。

关于震级饱和，图 1-13 所示或许有助于建立一个直观的认识。图中标出了 20 世纪以来历次大地震的矩震级和面波震级。

---

❶ 本书中表示震级的符号 M 默认表示矩震级 M_w，当使用其他震级时会具体注明。

❷ 我国公布的汶川大地震震级为 M_s8.0 级，为面波震级，与日本东北地震的 M_w9.0 的矩震级不具有直接可比性，故此处作比较时采用美国地质调查局公布的 M_w7.9 作为汶川大地震的震级。

可见，面波震级在 8.5 级左右出现了平台段。以 1960 年曾引发大海啸的智利近海地震为例，若按面波震级测定，其震级为 $M_s8.3$；若按矩震级测算，其震级则高达 M9.5，是迄今为止人类记录到的震级最高的地震。根据震级与能量的关系，9.5 级地震释放的能量是 8.3 级地震的六十余倍。

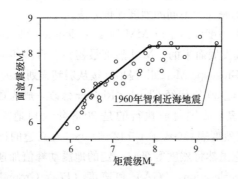

图 1-13　震级饱和（根据本书参考文献［10］插图绘制）

　　与面波震级相比，矩震级的估算更加复杂，通常难以在第一时间发布。但由于面波震级存在震级饱和的问题，对于像日本东北地震那样的巨大地震，使用矩震级更加合理。正因为如此，日本气象厅在地震发生两天之后终于计算出这次地震的矩震级，并一改以往以 M_j 发布震级的做法，将这次地震的震级最终确定为 $M_w9.0$。

烈度

　　烈度（Intensity）与震级非常不同，它表示某一地点遭受地震动影响的强烈程度。不好理解的话就想想爆竹的比喻。放爆竹时周围不同人受到的影响不尽相同。同理，一次地震也会有许多不同的烈度值。比如 2008 年汶川大地震时极震区的烈度高达 11 度，而千里之外的陕南地区的烈度则在 6～7 度左右。再比如 2011 年日本东北地震中，日本气象厅公布的仙台市的烈度为 7 度，而东京则只有 5 度左右。细心的读者可能会问，为什么 M9.0 级的日本东北地震造成的烈度比 $M_s 8.0$ 级的汶川地震还小那么多？其实这两组烈度根本没有可比性，因为我国和日本使用的是完全不同的烈度评价方法。

我国的烈度评估是以 MM 烈度（Modified Mercalli Intensity）为基础发展而来的。MM 烈度最初在一百多年前由意大利火山学家 Giuseppe Mercalli 提出，按从弱到强划分为 10 级，后来在 20 世纪 30 年代经 Charles Richter 修改，成为现在使用的 12 级烈度表。我国目前执行的是 2008 年汶川地震后颁布的《中国地震烈度表》GB/T 17742—2008，有兴趣的读者可以找来看看。它虽然将烈度等级与一定的地震动峰值加速度（Peak Ground Acceleration，PGA）和速度（Peak Ground Velocity，PGV）的范围区间对应了起来，但在评估烈度时仍以人、房屋和自然环境等受到的影响为依据，与 MM 烈度一样属于"主观烈度"。比如，地震过后专家跑去调查，大多数房子严重损毁，就说是 10 度；房子坏得不太严重，就说是 6 度。很明显，这样得到的烈度不但与地震动的强烈程度有关，而且与房子的结实程度、专家的主观判断以及调查采样的范围等一系列因素有关，具有很大的不确定性。

与之相比，日本使用的烈度标准是根据客观记录的地震动加速度计算得到的，是客观的物理量。该烈度在日本被称为"气象厅震度"，或者直接简称为震度。它由安装于强震仪内的处理芯片自动计算，这使得日本气象厅（JMA）可以在地震发生后几分钟之内便向全国发布震度分布信息。强震仪得到加速度记录后，按以下三步自动计算"计测震度"[11]，如图 1-14 所示。

1. 滤波

首先对三个方向的加速度记录（两个水平方向和一个竖直方向）进行滤波，即先将原始记录（如图 1-14*a* 所示）通过傅立叶变换转换到频域上，将得到的傅立叶谱分别乘以如图 1-14（*b*）所示滤波函数，再通过逆傅立叶变换变回时域（如图 1-14（*c*）所示）。日本气象厅采用的滤波函数比较讲究，除了我们熟悉的低通和高通滤波之外，还有一个周期调整，使高频成分进一步被抑制，低频成分则被适当放大。

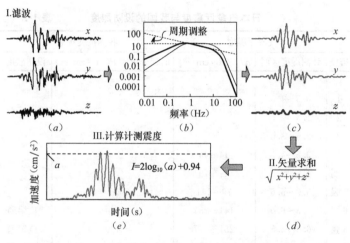

图 1-14　日本气象厅震度的计算步骤

2. 矢量求和

这一步很简单，即计算滤波后三个方向分量加速度记录的矢量和，得到如图 1-14（*d*）所示的单一且恒为非负的时程记录。注意，这里求矢量和时并没有对三个方向的分量乘以任何权重系数，这意味着竖向加速度对震度的影响与水平加速度是一样的。

15

3. 计算计测震度

寻找一个加速度值 a，使上一步得到的时程记录超越 a 值的总时长为 0.3s，然后按式（1-6）计算所谓的"计测震度" I，其中 a 的单位为 cm/s²。

$$I = 2\log_{10}(a) + 0.94 \qquad (1\text{-}6)$$

为便于公众理解，日本气象厅进一步将计测震度分级，基本上以计测震度每增大 1 为一级。将 5 度和 6 度又进一步细分为强、弱两级。各级震度对应的计测震度范围见表 1-1。

日本气象厅震度与我国的设防烈度　　表 1-1

日本气象厅震度			我国抗震规范	
震度	计测震度区间	$a/1.35$（cm/s²）	时程分析用 PGA（cm/s²）	设防烈度
0	<0.5			
1	0.5~1.5			
2	1.5~2.5			
3	2.5~3.5			
4	3.5~4.5	14~44		
5 弱	4.5~5.0	44~79		
5 强	5.0~5.5	79~141		
6 弱	5.5~6.0	141~251	220	7 度罕遇
6 强	6.0~6.5	251~447	400	8 度罕遇
7	>6.5	>447	620	9 度罕遇

从以上计测震度的计算步骤可知，a 值与三向分量矢量合成后的最大加速度基本相当，略偏小。如果假设三向分量的比例关系是 1：0.75：0.5，且三个方向均在同一时刻达到最大加速度，则其矢量和的最大加速度是地面峰值加速度 PGA 的 1.35 倍。由此可以非常粗略地认为 a 值大致是 PGA 的 1.35 倍。如此可以粗略地反算不同震度对应的 PGA 值，如表 1-1 中

的第三列所示。我国抗震规范规定了在建筑结构抗震设计中进行时程分析所应采用的 PGA 取值，列于表 1-1 中的第四列。我国 7、8、9 度设防地区规定的罕遇地震 PGA 在日本气象厅震度的 6 度弱、6 度强和 7 度的范围内。比如在 2011 年的日本东北地震中，日本仙台的震度达到 7 度，周边许多地区达到 6 度强，因此可以非常粗略地认为它们分别遭遇了我国抗震规范规定的 9 度罕遇和 8 度罕遇地震。

与我国采用的"主观烈度"相对，像日本气象厅震度那样的烈度指标通常称为"仪器烈度"，意即根据仪器客观记录到的数据确定的烈度。实际上，可以将用于评定主观烈度的房屋也视为一种"仪器"，而将房屋震害视为仪器记录到的数据。只不过这种"仪器"的性能差异很大，记录到的数据也难以量化。

不论主观还是客观，能反映地震影响程度的，就是好烈度。日本气象厅震度以地震动参数为依据确定烈度，虽然客观，却未必能真正反映地震动对建筑物以及人类社会的影响。实际上地震动对建筑物的影响非常复杂，很难用单一的地震动参数来描述。MM 烈度虽然依赖于主观判断，但它对震害情况的反映更加直接，对震后恢复重建等工作的开展都很有意义。

设防烈度

我国现行抗震设计规范以设防烈度的形式对全国进行抗震设计区划。6 度以下属于非抗震设防区域，对建筑结构没有具体的抗震设计要求，剩下的 6、7、8、9 度区的建筑物都必须进行抗震设计。抗震规范为不同设防烈度地区规定了不同的设计反应谱或地面峰值加速度，作为抗震设计的依据。

设防烈度是以地震作用的身份出现的，对建筑结构而言是一种输入。"一般情况，取 50 年内超越概率 10% 的地震烈度"，它规定了不同地区的建筑物应当能够抵御的地震作用的大小。但另一个名字与它很像，即我们之前一直讨论的烈度。一看到"设防烈度"与"烈度"这两个词，再自然不过的理解是，"设防烈度"表示建筑物应该能够抵御的地震作用的大小；"烈度"表示实际发生的地震作用的大小。但根据确定烈度的方法不同，烈度的内涵会有偏差。

前面介绍了两种很不相同的烈度指标，一个是以客观的地震动参数为依据的日本气象厅震度，它反映的是地震动的强烈程度，对于建筑物而言确实是一种输入。但对于像我国采用的以震害现象为依据的主观烈度，问题就来了。它反映的是地震对人、建筑物甚至自然环境造成的影响，是输出，而非输入！若不加分辨，可能会得出概念模糊的结论。比如，汶川地震后一度流行一种说法，即"汶川地震震中烈度达到11度，而当地的抗震设防烈度才7度，抗震设防烈度定低了。"认真阅读了上文的读者一定能看出这句话在逻辑上的混乱。"震中（主观）烈度达到11度"是地震的输出，就好像在说花盆掉下来了，摔得粉碎；"设防烈度7度"则是输入，说的是花盆在 $0.2m/s^2$ 的水平加速度作用下不应该掉下来。根据主观烈度，我们不知道摔碎的花盆实际受到了多大的加速度作用，可能真的超过 $0.2m/s^2$ 了，也可能没有。因此我们无法判断花盆掉下来摔碎了是因为加速度太大了，还是因为花盆根本没有放稳。

这并非个案，许多学者在汶川地震后都乐于把主观烈度和设防烈度放在一起比较。这种混乱一经媒体放大，会对公众造成不小的误导。这种误导可能会掩盖许多真相，从而阻碍地震工程的发展，让我们建设更加坚固家园的努力误入歧途。

举个简单的例子。甲乙两市相距不远，抗震设防烈度均为7度，但由于经济水平、施工、管理等种种原因，甲市建筑物的抗震性能普遍好于乙市。对于7度设防的建筑物，我国现行抗震设计规范要求在7度罕遇地震作用下建筑物不能倒塌，但允许出现损伤。

在同一次地震中，甲乙两市均遭受相当于7度罕遇地震的地面运动作用，甲市建筑物大多基本完好，少数出现中等或轻微程度的损伤，经专家鉴定烈度为7度；而乙市建筑物则绝大多数倒塌，烈度定为11度（如图1-15所示）❶。

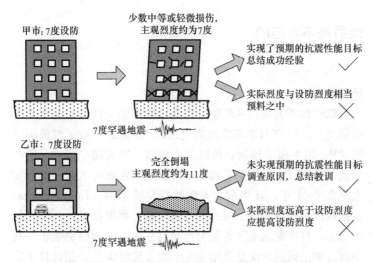

图1-15 对待主观烈度与设防烈度关系的不同看法

在基本相同的地震动作用下，甲市的损失远远小于乙市，因此震后有必要总结甲市的成功经验，而对乙市做进一步调查

---

❶ 以往的烈度评定以未经抗震设防的旧式房屋的震害为依据。而我国现行的《中国地震烈度》GB/T 17742—2008扩大了用于评定烈度的房屋的范围，并将"按照7度抗震设防的砖砌体房屋"也列入其中。

以发现存在的问题，避免悲剧重演。

但如果将震后判定的主观烈度与实际遭受的地震作用相混淆，则会得出不同的结论。根据主观烈度，甲市遭遇的烈度与设防烈度相当，因此建筑没有倒是正常的；而乙市遭遇的烈度远高于设防烈度，建筑倒了也是无法避免的，只能怪当初设防烈度定得太低了。于是一方面忽视了甲市在抗震工作方面的成绩，另一方面掩盖了乙市在这方面存在的问题。

地震是不可控的

地震预期

以"地震大得超乎想象"为借口来推脱责任似乎是很现成的做法。2011 年日本东北地震之后，"想定外"成了红极一时的词❶。因为超乎预期，所以伤亡惨重；因为超乎预期，所以导致了核事故；因为超乎预期，所以是天灾而非人祸。但事实上早在 2001 年，日本东北大学教授箕浦幸治（Koji Minoura）就曾通过对仙台平原土层的大范围考察，指出在过去三千年的历史上，日本东北地区曾至少遭受过三次巨大海啸的袭击，其中有历史记载的一次是公元 869 年的贞观海啸[12]。据说日本宫城县石卷市就是由"大海啸卷走石头"而得名的。据箕浦先生推测，贞观海啸是由一次 8.3 级的大地震引起的。这些证据说明，在日本东北发生 2011 年那样大规模的海啸并非空前，也不会绝后。"超乎预期"只能说明没有认真预期，或者抱有侥幸心理而对危险视而不见。以历史记录和科学分析为依据，直面预

---

❶ 日文"想定外"的直译，意为超出预期。

期可能发生的地震，积极做好准备，才是减轻地震灾害的正途。

在历史上曾经发生过大地震的地方，很有可能再次发生类似规模的地震。这是现代地震工程界确定预期地震水平最直接的依据。比如，陕西关中平原曾在明嘉靖三十四年（1556 年）发生据说震级高达 8 级的华县大地震。清康熙十八年（1679年），北京三河（现属河北省）、平谷附近也发生过一次 8 级地震，是北京有记载的最大规模的地震。那么我们有理由相信这些地方有可能再次发生 8 级规模的大地震，因此包括西安市在内的关中平原东部地区和北京市及其周边地区的抗震设防烈度均为 8 度❶。大地震总会发生，我们只好未雨绸缪，因为我们不知道它会在哪儿发生，可能就是脚下，也可能在几百公里之外。我们更不知道它何时会发生，可能就是明天，也可能在一百年以后，或是上千年以后。

毁灭性大地震发生的时间间隔往往远长于人的寿命。人们似乎很难对自己从未真正经历过的灾难有清醒的认识。2010 年初发生在海地首都太子港的 M7.0 级地震使这个贫弱不堪的国家失去了超过 20 万条生命。据说大多数海地人从来没有想过自己的国家会发生地震，因为最近的一次地震也已经是一百多年前的事情了。1860 年太子港西侧的一次大地震引起了海床抬升。而再往前看，1751 年太子港附近发生的大地震几乎摧毁了整个城市；不久后的 1770 年又一次大地震袭击了太子港。足见海地面临着怎样的地震风险。但是，一百年对于大地震来说很短，对于人的记忆来说却又太长。因此我总是在想，法国那样根本没有地震的国家不危险，日本那样地震频发的国家也不危险，最危险的恰恰是海地或我国部分地区那样大地震可能发生

---

❶ 8 度设防与震级为 8 级在数值上没有必然联系。

却又不太频繁的地方。

无奈的是，为了唤起人们对于地震的记忆，许多人走上了
"地震预测"的道路。

地震预测

我们主张对地震风险要有合理的预期，这与地震预测完全
是两码事。所谓地震预测，就像天气预报一样，需要对地震的
大小、发生的时间和地点都有个交代。梦想是美好的。如果能
够准确地预测地震，人们就可以事先采取措施，比如从建筑物
内撤离以避免人员伤亡。从事地震工程的人也无不希望这一梦
想能够成为现实。但现实是残酷的。以人类目前的科技水平，
预测地震不啻于痴人说梦。

然而，要证明一件事是不可能做到的确实非常困难。人类
曾在五六百年间热衷于永动机的研制，包括像达·芬奇这样的
大师。直到 19 世纪焦耳提出热力学第一定律，才为永动机的研
制降了温。Caltech 校友日本东京大学教授 Robert Geller 认为，
地震预测大抵也会如此[13]。不同之处在于研制永动机只是消耗
一些个人的智力与财富，而地震预测则可能误国误民。现代地
震工程的历史才一百多年，我们的人民恐怕等不了五六百年来
终结地震预测的神话。

虽然我暂时无法证否，至少可以举些例子供有识之士参考。

预测地震的方法五花八门，利用前兆现象预测地震是其中
一个大类。前兆现象同样五花八门，比如蛤蟆上街、井水变浑、
气候异常、地震云……不一而足。日本地球科学家大阪市立大
学教授弘原海清（Kiyoshi Wadatsumi）于 1995 年日本神户地震
几个月之后出版的神作《前兆证言 1519》[14]可谓集前兆预测之
大成者。作者不知从哪儿搜集了 1519 件所谓的地震前兆，包括

地震发生前天空突然变暗，电器发出杂音，平时很安静的宠物突然变得烦躁不安等神秘现象。但理智的人们不妨问一问自己，这些所谓的地震前兆难道不是经常发生在我们身边吗？

　　另一种看似有些道理的预测方法是所谓的"周期说"，即某一断层上会按照一定的周期反复发生大地震。位于美国加州圣安德列斯断层上的小镇 Parkfield 在 1857 年、1881 年、1901 年、1922 年、1934 年和 1966 年分别发生了六次 M6.0 级地震（如图 1-16 所示）。这一神奇的现象吸引了科学家的注意，美国地质调查局（USGS）和 UC Berkeley 的科学家在当地斥资兴建了地震观测台网以预测地震，他们推测在 Parkfield 大约每隔 22 年会发生一次 M6.0 级的地震，并且当地将在 1985～1993 年间再次发生 M6.0 级地震。然而事与愿违，科学家和当地民众翘首以待的 M6.0 级地震直到十几年后的 2004 年才再次造访。对于这样一个断层明确、震级中等、观测严密的案例尚无法准确预测地震，在其他情况下预测地震的难度可想而知。

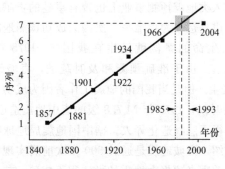

图 1-16　Parkfield 地震序列

　　再将目光转向欧洲。希腊物理学家雅典大学教授 Panayotis Varotsos 等人曾提出一种通过地表微弱的电流，即所谓的地电流来预测地震的方法，并命名为"VAN法"。Varotsos本人声称利用该方法成功地预测了希腊在十年内发生的13次5.5级以上地震中的8次，命中率超过60%。他们声称预测精度是"震源位置误差在100km之内，震级误差在0.7之内，时间误差在11天之内。"但据Geller教授介绍，在实际操作时他们并未严守这一承诺，而把震源170km开外，时间偏差两个多月的预测都视为"命中"[15]。对于希腊这样的地震大国，5.5级左右的地震基本上每两个月都会有一次。如此粗糙的预测，歪打正着的成分在所难免。1999年雅典发生6.0级地震。震后，Varotsos声称很快还会发生同样规模的地震，并引起了雅典市民的恐慌。然而预测中的地震并未发生，Varotsos面对公众的质疑也只能以"无可奉告"草草收场[15]。2002年法国科学家V. N. Phama指出，"VAN法"在预测地震时使用的地电流，也有可能是地下水输送渠、高压输电线、重工业生产等人类活动所产生的，与地震并没有必然的联系[16]。

我国在人类地震预测事业上也曾有卓越的贡献。人类历史上第一次，也是迄今为止唯一一次因为成功预测地震而挽救了成千上万人生命的案例就发生在我国——1975年辽宁海城M_s7.3级地震。由于准确预测和及时疏散，海城地震中只有1300多人丧生。但是当我国的地震工作者因为成功预测地震而干劲十足的时候，1976年M_s7.8级的唐山地震造成了逾24万人死亡。不得不感叹造化弄人。据中国地震局地球物理研究所陈颙院士介绍，海城地震是通过500多次前震实现预测的，然而利用地震前震来预报大地震的做法很不成熟。首先，大概只有10%的大地震是有前震的，其他90%的大地震都是突然发生的，2008年的汶川地震就是这样。其次，即使密集地出现许多较小的地震，也难以判断它们到底是大地震的前震，还只是一些小地震而已[17]。

说到这里，大家应该相信即使在地震局工作的人也不知道什么时候会发生大地震了吧。不是瞒报，是真不知道！

与预测何时何地会发生地震一样不可信的是预测何时何地不会发生地震。我国地震系统的人经常需要被迫出来辟谣，但信不信由你，辟谣不慎也会招来牢狱之灾。经过一年多的审理，意大利一家法院于 2012 年 10 月 22 日以过失杀人罪判处六名意大利科学家六年监禁，理由是他们在 2009 年意大利拉奎拉地震发生之前向公众发布了不准确的信息。的确，科学家们在地震发生六天前的新闻发布会上驳斥了关于拉奎拉将发生大地震的传言。他们指出，一段时间内连续发生的小规模地震并不足以断定会有大地震发生。没错，小震可能是大震的前兆，也可能通过渐近地释放能量减小大震发生的可能。但当这样模棱两可的科学结论被科学家本人或者媒体与公众片面地解读为"请放心地在家喝红酒"或"不会发生大地震"等明确却缺乏依据的结论之后，其误导作用是显而易见的。预测地震使公众恐慌，预测不会发生地震则使公众懈怠。

针对意大利科学家的这项诉讼在地震工程界乃至整个科学界引起了轩然大波。甚至有人将其与四百多年前火烧布鲁诺相提并论。但不论如何，科学界和法官对于一个事实的认识是基本一致的——在现有科学技术条件下，地震是不可预测的。

地震预警

在本节的最后还有必要区分一下地震预测（Earthquake Prediction）与地震预警（Earthquake Early Warning）。两者看起来很像，前者希望在地震发生前几个小时、几天甚至几个月便向人们发出警报，而后者只有几十秒甚至几秒的时间来发出警报。但两者其实有本质的区别。

与地震预测希望在大地震发生之前便先知先觉不同,地震预警是在大地震已经发生之后通过分析观测数据快速测算震源方位、震级以及各地可能遭遇的烈度并发出警报。它主要打两个时间差,一是地震波中 P 波和 S 波从震源出发分别到达观测台站的时间差;二是预警信号和地震波分别到达城市的时间差。

地震波在地壳中以 P 波和 S 波两种形式传播(如图 1-17 所示)。P 波是压缩波(Primary wave),其传播形态就像推拉一个风箱,有些地方被拉伸,有些地方被压缩,相邻两次压缩(或拉伸)之间的距离为 P 波的波长;S 波是剪切波(Secondary wave 或 Shear wave),它通过像蛇一样的左右摆动向前传播,正向最大位移为波峰,负向最大位移为波谷,相邻两个波峰(或波谷)之间的距离为 S 波的波长。

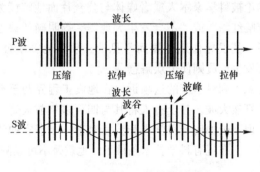

图 1-17　P 波与 S 波的传播形式

P 波危害小,却跑得快;S 波危害大,跑得却比 P 波慢。图 1-18 所示是 1995 年神户地震中位于新大阪的观测台站得到的三方向地震动记录。从中可以清楚地看到,P 波和 S 波之间有五六秒左右的时间差。对于震源距离陆地较远的海沟型地震,

P波与S波之间的时间差有可能长达几十秒。借助密集的观测网络，地震工作者有可能通过率先抵达的P波推测出随后到来的S波的大小，从而在S波到达之前判断是否发生了大地震。

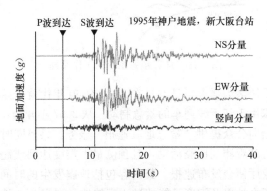

图 1-18 强地震动记录中的P波与S波

最先观测到地震动的台站像前哨一样迅速向后方人口聚居的地区发出警报。警报通过无线电传送，其耗时几乎可以忽略不计，而地震波则以大约每秒几百米至几千米的速度传播，这是第二个时间差。

上述两个时间差加在一起，便是人们在大地震袭来之前做好准备的全部时间——可能是几十秒，也可能只有十几秒甚至几秒钟（如图 1-19 所示）！这么短的时间可能很难让人做出实质性的避难反应，却足以启动一系列自动控制装置以减轻震害，减少损失。比如使高铁紧急制动，让飞机暂停起飞和降落，通过控制交通信号阻止汽车驶入桥涵，停止精密生产线的运转，关闭危险品仓库等。

目前，这样的地震预警系统已经在日本、墨西哥、土耳其、罗马尼亚和我国大陆及台湾地区得到应用。其中尤以日本的地

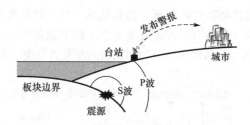

图 1-19　地震预警系统的工作原理

震预警系统最为强大。日本早在 20 世纪 60 年代就开始将地震预警技术用于新干线列车的紧急制动。从 2007 年开始，日本气象厅开始向公众提供"紧急地震速报"服务。只要同时有两个以上的台站观测到地震活动，且预测最大震度达到或超过 5 度弱，气象厅便会发布速报。其内容包括地震发生的时间、推测的震源所在地以及震度可能超过 4 度的地区列表[18]。地震速报发布的途径多种多样，包括电视、广播、网络甚至手机短信。但其实这样的警报主要让人们有个心理准备。紧急地震速报的短信铃声比较独特，一听到那个铃声便知道要地震了。但究竟地震有多大，要不要采取避难措施，只有看了短信才能知道。然而拿出手机，打开短信，阅读信息，宝贵的避难时间已经消耗殆尽。因此更重要的应用还在于具有自动控制功能的公共部门和生产部门。

地震预警系统的发展仍然任重道远。即使像日本那样先进的地震预警系统，在 2011 年日本东北地震中的表现也不能令人满意。地震发生后的 14 点 46 分 40.2 秒，第一个台站观测到了地震活动，5.4 秒后气象厅根据该台站的观测数据发布了第一次预警，预测的震级仅为 $M_j 4.3$ 级，最大震度仅为 1 度。又过了 3.2 秒，气象厅发布了第一个基于两个台站数据的紧急地震速报，预测震级修正为 $M_j 7.2$ 级，最大震度修正为 5 度弱[19]。

28

两秒钟后主震袭击宫城县，最大震度高达 7 度，最终发布的震级也高达 M9.0 级，远远超过了紧急地震速报的预期！日本气象厅对此的解释是，目前使用的点震源模型无法处理 2011 年日本东北地震那样多个震源几乎同时发作的情况[20]。

近年来我国的地震预警事业也实现了零的突破。2008 年汶川地震后成立的成都高新减灾研究所已在我国川、陕、甘地区将地震预警技术付诸实践，并在 2013 年 M_s7.0 级芦山地震中，在强地震动抵达雅安城区前 5 秒、抵达成都前 28 秒向公众发出了预警[21]。俗话说"不怕慢，就怕站"。无论目前这一系统的预警精度如何，能够发出科学预警，已经迈出了非常重要的一步。

工程结构是可控的

之前两节以地震为主，而地震基本上是看不见摸不着的。我们看见的是地震中惊恐的人群和摇晃的建筑物。造成伤亡的其实也不是地震，而是在地震中倒塌的房屋、坠落的重物、垮塌的桥梁……它们大多不属于自然环境，而属于人居环境（Built Environment）。人们既然可以创造它们，当然也可以控制它们。整备人工环境，是减轻地震灾害的最为重要的一环。

有一种知识，不可言传，更无法诉诸笔墨，只能以亲身体验获取，比如经验、直觉、手艺、本领等。英国哲学家 Michael Polanyi 称之为"暗默知"（Tacit Knowledge）。开叉车的本领便是一种暗默知，也是东京工业大学结构工程专业学生的必备技能。说简单倒也不难，会开车的人练上三五天就基本掌握了。但新知识的积累还需要一些事故来催化。要不是有学生开着头重脚轻的叉车下坡时一头栽在了坡上，谁又会想到洋相还有这种出法（如图 1-20 所示）。

图 1-20　叉车的翻掉

　　再来看一个貌似简单的试验——轴心受压试验。就是把如图 1-21 所示的那个钢筋混凝土柱子放到试验机的作动器下面，然后对中，加载，完事儿。但我们现在谈论的试件是一个 1.5t 重的大家伙。设计制作试验机时没有很好地考虑试件安装就位的问题，设计试件时对吊装也考虑得不够细致，最后只得放弃原先设计的位于柱顶的吊点，而只能用两边的吊车把试件拦腰吊到加载座上。折腾了半天，总算把试件挪到加载座上了，紧接着面临一个至关重要的问题：对中！加载座与作动器是否对齐了？加载座的中心在哪儿？混凝土试件的底面是否与轴线垂直？

　　对于较小的试件，可以方便地调整对中，但这个 1.5t 重的大家伙可不容易挪动。此外，作动器虽然可以在反力架的大梁上左右移动，但每挪一步大概走 2～3cm，这些误差足以造成灾难性的偏心。在现有的工具和条件下，大家尽了最大的努力。但还是杯具了——试件还是发生了偏心受压破坏，在上部和下部分别出现了两个严重破坏的塑性铰（如图 1-21 所示）。

　　不论成功还是失败，我们在一点一滴的实践中积累"暗默知"，也积累着对客观世界的理解。对于地震，只有等待；对于工程结构，却可以通过各种各样的试验加深理解。能够试验，是施加控制的起点。工程结构试验向来在地震工程中地位显赫。

图 1-21 轴心受压试验的偏心破坏

工程结构试验

建筑物在地震中经历的是一个动力过程。振动台试验（Shake Table Testing）也因此一直被认为是最接近实际情况的试验方法。在回顾百年抗震时已经提到，世界上第一个现代意义上的由伺服液压作动器控制的振动台于 1972 年投入使用，位于美国 UC Berkeley。即使在四十年后的今天，它仍然是美国最大的多方向振动台。

2005 年在日本神户市附近的三木市建成了目前世界上最大的振动台——E-Defense（如图 1-22 所示）。和 UC Berkeley 的振动台一样，E-Defense 的台面可以在六个自由度上运动。这是由 x、y、z 方向上三组强劲的伺服液压作动器实现的。其中 x、y 方向各有 5 个作动器，而 z 方向则有 14 个作动器。振动台的台面尺寸为 15m×20m，最大载重高达 1200t。这已经远非三十年前 UC Berkeley 的振动台可比。E-Defense 台面在水平方向最大平动加速度可达 0.9 倍重力加速度（约相当于我国 9 度罕遇

地震水平的 1.5 倍），最大速度可达 200cm/s，最大位移可达
1m；竖向最大平动加速度可达 1.5 倍重力加速度，最大速度
70cm/s，最大位移 0.7m（如图 1-23 所示）。

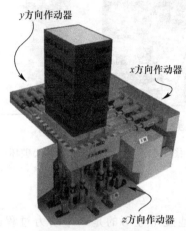

图 1-22 E-Defense 振动台

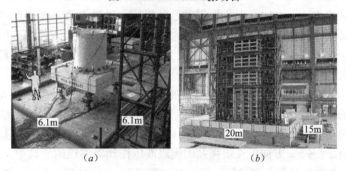

图 1-23 世界最早与最大的模拟地震振动台
(a) UC Berkeley，建成于 1972 年；(b) E-defense，建成于 2005 年

建成以来，E-Defense 已经完成了许多大型的足尺结构试

验。除了传统的结构工程范畴的破坏性试验之外，2010 年科学家们把一个几近真实的医院搬上了 E-Defense 的台面，以检验地震发生时医院内部的医疗器械与设备的情况（如图 1-24 所示）。这是一座四层楼的医院建筑，采用单跨双榀钢筋混凝土框架结构，层高约为 3m，其中容纳了 CT 室、手术室、重症监护室、病房、计算机房等一系列功能单元。各个房间里的器械与设备大多来自公司的捐赠。虽然大多是过时的型号，却都是真家伙。其他一些摆设，大到储物柜、个人电脑、各种容器、书刊杂志，小到病房里的牙刷、衣物，一应俱全。

图 1-24　足尺医院模型的振动台试验

试验采用了日本气象厅在 1995 年神户地震中记录到的地震波，试验时将原始地震波的幅值降低了 20%。短暂的振动过后，工作人员进入"医院"，记录所有物品发生移位或倾覆的情况。最惨的莫过于如图 1-25（a）所示躺在床上的"病人"。"他"身边的重症监护仪在地震中倒下来重重地砸在"他"的头上。工作人员正在费力地把这台仪器从"他"身上挪开。手术室在地震中的脆弱是显而易见的，但如图 1-25（b）所示那样无影灯整个翻转坠落下来却多少有些出人意料。

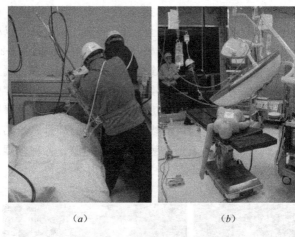

(a)　　　　　　　　　(b)

图 1-25　震后医院室内场景

　　试验中观察到的震害现象为地震工作者提供了宝贵的经验，为找到减轻震害的对策提供了基础数据。但对于 E-Defense 这样巨大的振动台，不可避免地存在台面运动难以控制，试验费用大，试验周期长等问题，从而为开展细致的科研工作带来一些麻烦。但对于小型的振动台，经常不得不使用小比例尺的结构模型，其试验结果对于真实结构地震反应的再现性又经常受到质疑。因此大比例尺局部结构模型试验的科学研究往往价值更大。

　　除了将结构模型放在振动台上晃动之外，还可以使用高速作动器直接对结构模型施加动力荷载。对于使用常见建筑材料的局部结构模型，比如一根钢筋混凝土柱或者一根钢支撑，动力效应通常不是那么重要。这时静力试验也是不错的选择，它易于控制而且更加便宜。

　　设计针对局部结构模型的试验时首先要考虑如何实现所需

的边界条件。比如当想到了一种更好地将防屈曲支撑（BRB）❶连接到钢筋混凝土结构上的办法时，我们要将它付诸试验。这个想法是将设置防屈曲支撑的那一跨的框架梁拿掉，让上下两层的防屈曲支撑共用一块节点板❷。这样节点板处的受力就比直接把防屈曲支撑与混凝土梁柱节点相连清爽多了。为了测试这个新型的连接方法是否可靠，决定从整体结构中取出一个"大"字形的子结构进行试验（如图 1-26 所示）。

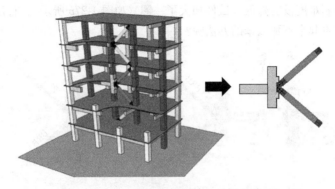

图 1-26 防屈曲连续支撑框架及其子结构

最初的试验方案是用作动器模拟防屈曲支撑，当在柱顶施加水平推力时，控制两个作动器在节点板上施加斜向力。这基本再现了地震作用下框架结构中节点局部的受力状态。其优点是占用空间小，一般的工程结构实验室都可以胜任。但其缺点也很明显：一是需要同时控制三个作动器，控制难度较大；二是试件中不包含真正的防屈曲支撑！这对于科学试验倒未必是

❶ 一种受压不会发生整体屈曲的具有较高滞回耗能能力的斜撑，详见第2章。

❷ 详见下文图 2-22 所示。

什么缺点，但如果希望同时达到某种展示效果，没有真实的斜撑就是致命的缺点了（如图 1-27a 所示）。

于是有了方案 2——使用真正的防屈曲支撑。这样一来，在斜撑的另一端不得不做一个刚度很大的刚臂来模拟对面的混凝土柱。在试件的混凝土柱顶施加水平推力时，为了让对面的刚臂产生相同的层间位移角，不得不在刚臂顶部和底部分别施加推力和拉力。与方案 1 一样，还是要同时控制三个作动器。控制难度没有降低，试件却大了一圈（如图 1-27b 所示）。有没有看起来不那么笨的办法呢？

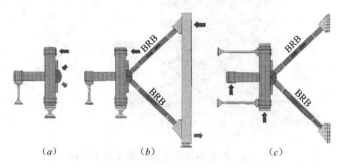

图 1-27　加载方案的变迁
(a) 方案 1；(b) 方案 2；(c) 方案 3

于是想到了方案 3。防屈曲支撑是一定要有的，这也是否定方案 1 的最主要原因。有了防屈曲支撑，试件的大小就不容易减下来。那就想办法减少作动器的数量，让加载更容易控制。这时似乎需要一些发散性思维。能不能不在柱顶施加水平推力，而是改为在柱底施加竖向推力？当将柱顶向上推时，两个斜撑同样是一个受压一个受拉，节点处的受力状态基本上与水平加载的方案是一样的。为了让试件中 T 形的钢筋混凝土部分的受力状态也与真实情况接近，还需要在梁端施加一个竖向的推力。

这样就只需要控制两个作动器了。虽然试件的大小没怎么变化，但与方案 2 相比固定的部位增多了，需要控制的部位减少了，试验反力架的设计与制作容易多了（如图 1-27c 所示）。实际中对这个方案做了进一步的简化，有兴趣的读者可以参阅本书参考文献 [22]。

方案 3 实际上是对约束条件的妥协。在简化加载控制的同时，失去了一些直观性。约束条件就是这样玩弄着我们的思维，很多时候我们自以为灵光乍现地搞定它了，其实只不过是放弃了最初的目标而向它妥协了。

结构地震反应分析

为了掌握建筑结构在地震中的行为，与试验方法同样重要的是分析方法。随着有限元方法的普及，工程师们已经可以轻松地分析非常复杂的结构的受力状态。四五十年前工程师们还不得不依靠反弯点法或者 D 值法来计算结构在水平力作用下的内力分布，现在进入设计院工作不久的年轻人都可以完成超高层结构的地震反应分析了。

清华大学刘晶波教授很喜欢在课堂上回顾他们当年拿着精心制作的"纸带"去中央主楼上机算题的故事。那时候用计算机做计算确实非常麻烦，一不小心出现什么错误的话可能会耽搁许多时间。所以大家做计算之前都要把问题思考清楚，将数据检查无误。这个过程也是加深对问题的理解的过程。但现在利用计算机进行结构分析已经简单到傻瓜了，就连一些分不清实际结构中的梁和有限元方法中的梁单元的高校教师也可以堂而皇之地用国际领先的某某大型有限元程序进行数值仿真并发表学术论文了。

计算分析软件的迅速普及在使结构设计变得更加容易的同

时，也造成了饱受诟病的对于计算机的盲目依赖。想必这也是结构设计费越来越低的原因之一吧。

然而试验是检验分析结果的唯一标准。2010 年美国太平洋地震工程研究中心（PEER）举办的计算仿真竞赛或许能从一个侧面说明在经过几十年的发展之后，我们在结构地震反应分析方面的能力到底是什么水平。

分析对象非常简单：一根顶着 250t 重混凝土块的钢筋混凝土桥墩在单向地面运动作用下的反应（如图 1-28 所示）。越简单的问题往往越适于检验我们的分析能力。振动台试验在加州大学圣地亚哥分校（UCSD）的 7.6m×12.2m 的室外单向振动台上进行。试验包括六次连续的不同大小的模拟地震动加载。竞赛要求选手在试验之前提交分析结果，包括历次地震动加载中的最大水平变形、最大水平加速度、残余水平变形等多项指标。

图 1-28　钢筋混凝土桥墩振动台试验
照片来源：Terzic et al.（2012）[23]

来自全球的 42 组选手按要求提交了分析结果。若将每组选手的分析结果与试验结果在六次地震动加载中的平均相对误差画在一张图上，便可清晰地看出，即使对于这样简单的分析对象，不同选手给出的结果也差别甚大（如图 1-29 所示）。对于最大水平变形,平均相对误差从 10%～70% 不等,对于最大水平加速度,平均相对误差则高达 180%。这固然反映了不同参赛选手分析水平的差异,但也从一个侧面说明目前的结构非线性地震反应分析还存在诸多问题。可以想象,如果分析对象是线弹性结构在静力作用下的反应,所有选手的分析误差都应不超过 10%。

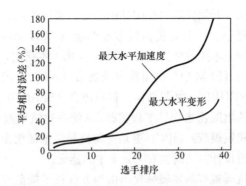

图 1-29 分析结果与试验结果的误差[23]

尽管试验方法还存在这样那样的问题,尽管计算分析也还不尽准确,工程结构毕竟是人造的,是可以直接控制的。试验与分析是开展研究的两大方法,也是控制工程结构抗震性能的基础。为了将研究成果广泛地应用于实际工程结构,必须将其转换为显式知识。其集大成者便是各国的抗震规范。

抗震规范

将抗震规范单列一节加以介绍并非为了强调其重要性。就像法律仅仅是最低限度的道德一样,建筑规范也仅仅是建筑性能的最低标准。尽管很难想象社会上每个人都仅以最低限度的道德来约束自己的言行，但法律之于社会仍是不可或缺的。建筑规范也是如此。

在本章的最后，介绍一下目前世界上各具特色的两大建筑抗震规范体系，一个是美国，另一个是日本，以资借鉴。

美国

由于从一开始就缺少全国性的统筹，美国的抗震规范体系显得纷繁复杂。一会儿美国混凝土学会（ACI）出一本规范，一会儿美国土木工程师协会（ASCE）又出一本指南，还有联邦应急管理局（FEMA）、应用技术委员会（ATC）、国家防震减灾项目（NEHRP）、加州结构工程师协会（SEAOC）等机构都会有厚厚的出版物来指导工程实践，《统一建筑规范》（UBC）和《国际建筑规范》（IBC）更是空前搅局。难怪很多人在了解美国的抗震设计方法时会有无处下手的感觉。

美国抗震规范的发展呈现出由地方性技术规范逐渐融合统一而发展为全国性抗震规范的历程。不妨将其概括为"初创"、"发展"与"统一"三个阶段（如图1-30所示）。

1. 初创

1925年美国加州Santa Barbara地震促成了1927年出版的美国第一部带有建筑抗震设计内容的规范——《统一建筑规范》（Uniform Building Code，UBC）。其出版机构是"建筑官员国际会议"（International Conference of Building Officials，ICBO），主要用于美国西部各州。这可谓美国抗震规范的始祖。虽然号称"国际"，其实仅仅是美国而已。

2. 发展

在这一阶段，除UBC之外又出现了《国家建筑规范》（National Building Code，NBC）和《标准建筑规范》（Standard

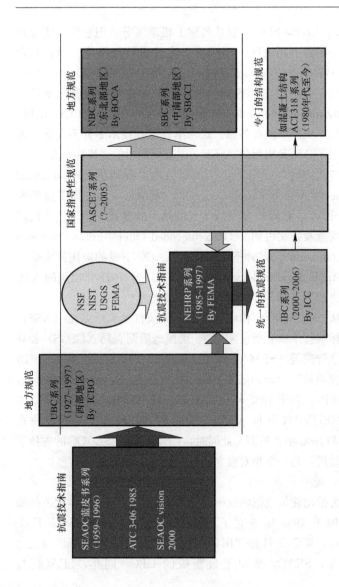

图 1-30 美国建筑规范体系的发展

Building Code，SBC）。仅从名称上很难区分，但它们其实分别用于美国的不同地区。NBC 由"建筑官员与规范管理者联合会"（Building Officials and Code Administrators，BOCA）出版，主要用于美国东北部各州。SBC 由南部建筑规范国际委员会（Southern Building Code Congress International，SBCCI）出版，主要用于美国中南部各州。这两本规范在技术上并不先进，大多采用了 ASCE 出版的 ASCE 7 国家规范中的建议性条文。

与此同时，UBC 在美国加州结构工程师协会（Structural Engineers Association of California，SEAOC）的支持下蓬勃发展。SEAOC 于 1959 年出版了它的第一版蓝皮书，即《建议侧向力规范及条文说明》（Recommended Lateral Force Provisions and Commentary），并坚持修订。SEAOC 下设的应用技术委员会（Applied Technology Council，ATC）于 1978 年出版的 ATC 3-06 也成为日后各种抗震规范的重要参考。

从 20 世纪 70 年代中期开始，美国自然科学基金（NSF）、国家标准技术研究所（NIST）、美国地质调查局（USGS）和联邦应急管理署（FEMA）等四家机构联合开展了一项"国家防震减灾项目"（National Earthquake Hazards Reduction Program，NEHRP），并于 1985 年出版了第一版 NEHRP 规范并坚持修订。NEHRP 规范与 ASCE 7 关系密切，其条文进而反映在NBC 与 SBC 中。然而与此同时，UBC 坚持在 SEAOC 的支持下独立发展，是一个相对独立的阵营。

3. 统一

为推动建筑规范的统一，UBC、NBC 与 SBC 三本规范的编制机构于 1995 年成立了国际规范协会（International Code Council，ICC）。号称"国际"，实际上也就是"州际"而已。1997 年，SEAOC 推出了最新版的 UBC。同年，SEAOC 与

ASCE、ICC 等机构合作编制了最新版的 NEHRP 规范。2000
年，以 1997 版 NEHRP 规范为基础的《国际建筑规范》（Inter-
national Building Code，IBC）正式发布，取代了 UBC、SBC 和
NBC 等地方性规范，从而实现了美国建筑规范的统一。

如今 IBC 每三年修订一次。可以把 IBC 视为一个门户，由
它通向各个专门规范。在抗震设计方面，IBC 中与结构工程相
关的内容大多引用了 ASCE 7。而 ASCE 7 也只是包含纲领性的
条文，只规定了设防目标、场地特性、设计地震作用、地震反
应计算方法、结构体系与概念设计等普适的内容。至于具体的
构件性能需求与构件详细设计，则需援引其他更加专门的规范，
比如混凝土结构要符合 ACI 出版的 ACI 318 规范的要求。

因此，学习美国建筑抗震设计方法时，原则上可以从 IBC
看起，但实际上 IBC 中关于抗震设计的内容在 ASCE 7 里面都
有，所以也可以直接看 ASCE 7。若希望进一步了解某种结构体
系具体如何设计，就要根据 ASCE 7 的指示去查找某一结构形
式所引用的具体规范。

日本

与美国相比，日本的事情简单得多，起码表面上看起来是
这样。从初创到现在，日本的建筑抗震规范体系一直围绕着
《建筑基准法》这一中心，代代相承，向杉树一样主干明确。但
这并不意味着它的枝蔓不茂盛。相反，《建筑基准法》只规定了
建筑抗震设计中最基本的东西，比如在规定的地震作用下建筑
物应满足何种性能要求。至于如何实现这一目标，或者如何证
明你的设计满足要求，则可以采用多种多样的方法。《建筑基准
法》及其《实施令》是这个规范体系中具有法律效力的条文，
大致可以视同我国规范中的"强制性条文"。它是主干，是基

调。不妨先来了解一下它的发展。

《建筑基准法》是以血的代价换来的，它的进步总是被大震灾推着向前。图 1-31 所示大概梳理了《建筑基准法》从诞生到现在所经历的比较重大的修订。这里说对《建筑基准法》的修订，其实主要是指对其《实施令》的修订。《建筑基准法》中关于结构设计的条文其实不超过半页纸，正是这半页纸赋予了《实施令》法律效力。

不难看出，每一次大震灾都会促成《建筑基准法》的修订。但我认为其中闪烁着耀眼光辉的有三件事。一是其初创。以 1916 年佐野先生发表的《房屋抗震结构论》为基础，1924 年的《市街地建筑物法》（《建筑基准法》的前身）首次以《实施令》的形式规定了抗震设计的必要性。这在世界范围内都是领先的。这一规定未必能解决太多问题，但意识到问题总是解决问题的第一步。

1981 年对《建筑基准法》中有关结构抗震的条文的全面修订是第二个闪光点。这次修订全面采用了以日本建设省综合技术开发项目为背景的"新抗震设计法"。该方法以两阶段设计为特点，在第二阶段，即"安全极限状态"下要求进行"保有水平耐力"计算❶，并考虑结构的动力特性以及竖向和平面刚度不均匀的影响。从此，日本抗震设计形成了自己的风格。1995年的神户地震全面检验了 1981 版"新抗震设计法"的效果。虽然神户地震伤亡惨重，但 1981 年以后设计建造的房屋基本经受住了考验。这无疑巩固了"新抗震设计法"的地位。现在在日本，大多数普通百姓都知道 1981 年之前与之后建造的建筑物在抗震性能方面的巨大差别。

---

❶ 日文"保有水平耐力"的直译，意即极限侧向承载力。

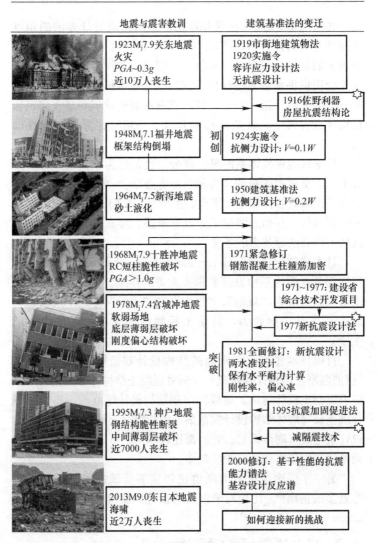

图 1-31 日本《建筑基准法》的发展

如果说 1981 版《建筑基准法》是从抗震设计方法的角度挖掘既有结构体系的抗震能力,那么 1995 年神户地震之后逐渐被人们熟知的减震和隔震技术,则是从结构体系创新的角度为社会提供更加有效的保护。它们成为日本抗震发展过程中的第三个闪光点。迄今为止,日本拥有的隔震建筑和减震建筑数量均居世界第一。这些新技术开启了一扇通往更多可能性的大门。

日本抗震规范体系的另一部分,也是远为丰富的部分,是日本国土交通省颁布的"告示"和专业学会(特别是日本建筑学会)出版的各种规范、指南、手册等。它们不具有法律效力,不强制执行,互相之间也未必没有重叠。而真正有活力的正是这些不具有法律效力的条文。

日本建筑学会(Architectural Institute of Japan,AIJ)无疑在这部分规范体系中发挥着带头大哥的作用。它出版的规范类图书大致可分为"规范"、"指南"和"手册"等三个层次。它们均不具有法律效力,只是工程师的仆人,而不是他们的主子。

目前日本建筑学会出版的结构设计规范❶共有七本,即:《钢筋混凝土结构计算规范》、《钢骨混凝土结构计算规范》、《预应力混凝土设计与施工规范》、《钢结构设计规范》、《木结构设计规范》、《墙体结构设计规范集(钢筋混凝土篇)》、《墙体结构设计规范集(砌体篇)》。它们都比较厚重。不是说它们页数多,而是说它们历史较长,积淀较多。

另一个层次是比较活跃也比较能够反映技术新进展的种类繁多的指南❷。比如对于钢结构设计,就有《钢结构塑性设

---

❶ 日文为"規準",英文常译作"Standard"。

❷ 日文为"指針",英文常译作"Recommendation"或"Guideline"。

计指南》、《钢结构极限状态设计指南》、《钢结构屈曲设计指南》、《钢结构连接部位设计指南》、《钢结构耐火设计指南》等。对于钢筋混凝土结构又有《钢筋混凝土结构延性保证型设计指南》、《钢筋混凝土结构抗震性能评价指南》，甚至还有《钢筋混凝土结构 X 形配筋构件设计指南》、《连续纤维增强材料加固钢筋混凝土结构设计指南》等。指南覆盖的范围非常广泛。比如有《隔震结构设计指南》、《钢管混凝土结构设计指南》、《索结构设计指南》，甚至还有专门的《烟囱结构设计指南》。

有些指南可能和规范做的是同一件事，只不过用了不同的方法；有些指南则处理一些规范没有涉及的问题。它们一方面为研究者提供了向工程界发布最新研究成果并将其转化为实际生产力的机会；另一方面也为有理想有追求的建筑师（工程师）提供了丰富而详实的技术资料，帮助他们深入理解自己所从事的工作，完善自己的设计。

再下一个层次是各种各样的手册、资料集等。其中原创性的东西可能比较少，但对工程师很有帮助，也是不可或缺的组成部分。

这只是日本建筑学会的出版物。其他专业学会，比如日本钢结构学会（JSSC）、日本混凝土学会（JCI），还有一些研究机构，比如日本建筑中心（BCJ）等，也会出版一些技术性资料，供工程师们参考。这样说下去，这个规范体系恐怕要没边没沿了。

总结一下，日本的建筑规范体系有以下特点：

（1）具有法律效力的强制性部分以民为本，最大限度地尊重业主的自由，同时也尊重建筑师的创造力。这部分可以不用太讲道理，但因为是法律，总要说服立法机构通过才行。

（2）不具有法律效力的部分以技术性资料的形式，而非条条框框的形式出现，有助于有理想有追求的工程师加深对问题的理解。这部分不能只说要（应/宜）怎么样，不要（应/宜）怎么样，还要说出道理，要像科学文献那样把相关资料、数据的背景文献都交代清楚，便于大家判断。

2 地震工程进阶

延性是什么

所谓延性设计

延性是结构发生塑性变形的能力。图 2-1 所示，当外力达到某一界限时，结构可能突然倒塌。这样的结构被认为是脆性结构。其破坏像粉笔被掰断一样干脆利落。与之相对，结构也可能在维持一定承载力的同时出现较大的塑性变形，但并不会倒塌。这样的结构即所谓的延性结构。对于结构抗震安全性而言，延性结构显然优于具有同样承载力的脆性结构。几十年来，延性确实已经成为工程界公认的好东西。尽管基于延性的抗震

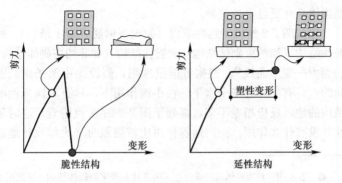

图 2-1 延性结构与脆性结构

设计使问题复杂了不少，但它仍然大行其道，以不可阻挡的势头占据了结构工程的各个主要研究领域。作为一名结构工程师，如果只知道弹性而不知道塑性，只知道承载力而不知道延性，似乎根本就不合格。

在基于延性的抗震设计中，延性可以用来折抵承载力。对于延性好的结构，承载力要求可以降低一些；对于延性差的结构，承载力就要高一些。这一做法在美国的抗震设计方法中体现为承载力折减系数 R，在日本则体现为结构特性系数 D_s。不论美国的 R，还是日本的 D_s，都是随结构抗侧体系的不同而变化的。比如对于延性较好的现浇钢筋混凝土框架结构，$R=8$，而对于延性稍差的配筋砌体结构，$R=5$。这相当于对后者的承载力要求是前者的 1.6 倍。

事情到了我国就变得复杂了一些。与美国和日本一样，我国现行抗震设计方法也对设计地震作用进行折减，以考虑延性的贡献。但不同之处在于，我国引入了"小震"的概念，它是不随结构体系延性的高低而变化的。对于所有结构体系都一视同仁地将设计地震作用折减为原来的约 1/3 进行弹性承载力验算，相当于 $R \approx 3$。这种表面上的一视同仁，实际上忽视了不同结构体系在延性上的差异。

比如图 2-2 给出了延性结构（如现浇钢筋混凝土结构）、准脆性结构（如约束砌体结构）和脆性结构（如非约束砌体结构）的侧力—变形曲线❶。根据等能量准则，假设图中两条虚线上面的点具有相同的安全水平。在小震作用下，具有不同延性的结构的地震反应相差不多，都处于图 2-2 的 A 点附近。这时延性并没有什么作用。而当地震作用比较强烈时（比如设计地震

---

❶ 在我国，约束砌体结构指设置了构造柱和圈梁的砌体结构；反之则为非约束砌体结构。详见第 3 章"砌体结构"一节。

或中震），结构基本处于图 2-2
第一道虚线的水平，这时三种
结构的承载力需求已经有了差
别。当地震非常强烈时（如罕
遇地震或大震），如图 2-2 中第
二道虚线所示，三种结构承载
力需求的差别非常明显。我国
规范中的"小震弹性承载力验

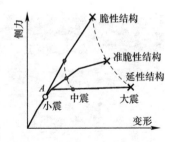

图 2-2 侧力—变形曲线图

算"相当于仅在 A 点对结构进行抗震承载力设计。其结果是准
脆性或脆性结构的抗震安全性远低于延性结构。

可能为了弥补这一明显的与日本或美国等国际公认做法的
差别，我国抗震规范又在结构构件的层次引入了"承载力抗震
调整系数"。对于现浇钢筋混凝土梁，承载力需求可以进一步降
低为 75%，对于柱可以降低为 80%，对于配筋砌体墙可以降低
为 90%，而对于无配筋的砌体墙则不得降低。这个补丁固然在
一定程度上考虑了构件延性的差异，但其物理意义并不明确，
并且这种在局部构件层次而非整体结构层次上考虑延性贡献的
做法也有违延性抗震设计的初衷，反而容易引起混淆。

值得注意的是，在三十多年前，我国的《工业与民用建筑抗
震设计规范》TJ 11—78 中并没有"小震"和"承载力抗震调整
系数"这些概念，而是像美国和日本那样，简单地在设计地震作
用的基础上考虑一个"结构影响系数"C，何其简洁明了。

关于延性的认知鸿沟

延性是把双刃剑。它一方面被用来折抵承载力需求，另一
方面则是实实在在的结构损伤。延性与损伤就像一枚硬币的正
反两面——结构工程师看到的是延性，而公众看到的是损伤。

1999 年土耳其依兹米特发生 M7.4 级大地震。而此时距离

图 2-3 土耳其 Ataturk 国际机场

伊斯坦布尔市中心 25km 处的 Ataturk 机场国际航站楼的主体结构刚刚完工（如图 2-3 所示）。这座全新的机场航站楼并没有遭受太大的地震作用。峰值地面加速度仅约为 0.1 倍重力加速度，略超过我国 8 度地区小震水平。如果按照我国规范，在这样的地震作用下该机场航站楼若出现一些损伤是无可厚非的。事实是，根据 LZA 公司❶的震害调查报告，航站楼结构确实出现了混凝土保护层剥落，某些柱脚纵筋屈曲等局部损伤[24]。

土耳其政府却为此大为恼火，因为他们不敢相信这座即将建成还没有投入使用的全新结构居然如此不堪一击！政府官员认定设计者犯了错误或者承包商偷工减料，于是立即展开调查。但参与航站楼项目的 LZA 公司却对此不以为然：楼又没有倒塌，损伤也不是非常严重，已经满足规范的要求了，谁也没犯什么错。

当土耳其政府不得不接受这样的结论时，他们一定认为结构工程师是一群白痴。结构工程师们明明知道结构在不太强烈的地震下也会损坏，居然还要做出这样设计，并且以"延性"的名义为结构的损坏辩护。

可见，在工程界热衷于利用延性来实现"更好"的抗震设计时，延性的孪生兄弟——损伤——早已被抛在脑后。直到 20

---

❶ LZA Technology (The Thornton-Tomasetti Group) 的前身 Lev Zetlin & Associates (LZA) 创始于 1956 年，是家有一定规模的国际结构工程咨询公司，总部位于纽约。

世纪 90 年代末的几次发生在经济繁荣、人口密集的大城市的地震给人类社会带来巨大伤痛之后，工程界才逐渐开始重新审视结构设计的真正目标。"基于性能的抗震设计"也开始受到重视。在此之前，抗震设计只对规范负责，规范说可以利用延性，工程师就可以利用延性，哪怕损伤如影随形。规范反过来又是工程界自己制订的。业主完全被撇在一边儿。以至于当工程师们认为机场航站楼的损坏是理所当然的同时，业主却大为不满。

基于性能的地震工程

规范是最低标准

写在建筑规范中的只是保证人员、财产安全的最低标准。这意味着人们总是有权利要求提高自己的住宅或办公楼的建筑结构性能。但人们往往忽视或者并不知道这一权利。2008 年汶川大地震之前，优越的抗震性能从来不会成为中国房地产开发商的卖点。建筑结构土建成本一压再压，所有人都挤在"最低标准"的边缘，一毛钱也不愿多花。人们尽可以将其归咎于经济发展水平的不足，但如果看到偷工减料的房屋里先进的设备、豪华的装修，是否还会这样认为？

能够上升到法律法规层次而被强制执行的，只能是最低标准。日本《建筑基准法》第一章第一条第一句话如是说：

"本法律规定了为保护公民的生命与财产安全以及推动公共福利的进步，建筑物在场地、结构、设备以及用途等方面应满足的最低标准。"

重点在于"最低标准"。一方面它明确地鼓励建筑师和业主追求更高的标准；另一方面，也是更加重要的一方面，它体现了对宪法赋予的公民权利的尊重。日本宪法第十三条指出：

"每个公民均应受到尊重。在不妨碍公共福利的前提下，国家的立法与行政应最大限度地尊重公民的生命、自由以及追求幸福的权利。"

"最低标准"正对应"最大限度"。换句话说，提高强制性条文对建筑抗震性能的要求，要冒侵犯公民权利的风险。虽然我国宪法没有什么"最大限度地尊重"之类的表述，但我们结构工程师、研究者，特别是参与规范编制的人，心里应该清楚自己的技术与公民权利之间的矛盾。另一方面，业主也应该明白，所谓满足国家规范，只是满足了一个最低标准，地震来了建筑物到底会怎么样，工程师也很少能说清楚。近一二十年来蓬勃兴起的基于性能的地震工程的主要任务就是算清这笔糊涂账。

公众的选择权

真正刺痛地震工程界并促成基于性能的地震工程（Performance Based Earthquake Engineering，PBEE）蓬勃发展的是1994年1月17日凌晨4点31分M6.7级的美国北岭地震和1995年1月17日凌晨5点46分 M_j7.3级的日本神户地震。这两次地震不但时间恰好相隔一年且震级比较接近，它们还有一个显著的共同点：直接袭击了经济发达、人口密集的中心城市。北岭地震的震中距离洛杉矶中心城区仅30km，神户地震的震中距离神户市中心仅20km。

北岭地震夺去了约60人的生命。对于人口密集的中心城市，这一数字足以证明地震工程在保护人员生命安全方面取得的长足进步。令地震工程界乃至美国社会震惊的是这次地震造成的经济损失。据估计，这次中等规模的地震造成的直接经济损失高达 418 亿美元，间接经济损失也高达 77 亿美元[25]。神户地震的教训更加惨痛：6434 人丧生，经济损失高达 1025 亿美元，占日本当时 GDP 的 2.5%。上文已经提到，日本于 1981 年之后设计建造的房屋的抗震性能在神户地震中得到了检验。与美国一样，留给日本地震工程界的巨大问号是超乎想象的巨大经济损失。既然一次中等规模的地震可以给城市与社会造成如此巨大的损失，人们自然会问：如果把这些损失的一小部分，比如十分之一用来在地震之前提高建筑物的抗震性能，是否更划算？这个问题似乎为地震工程的发展打开了一扇门，建筑抗震性能开始被置于聚光灯下。

以我们常见的牛奶为例。以前大家只关心"是牛奶"或"不是牛奶"，现在则细分出全脂奶、减脂奶、低脂奶和脱脂奶等，并且对每一种牛奶都有量化标准。比如美国加州要求全脂奶的脂肪含量在 3.5% 以上，减脂奶在 1.9%～2.1%，低脂奶在 0.9%～1.1%，而脱脂奶则要求在 0.2% 以下。一样的道理，以前我们专注于建筑在地震中"会倒"或是"不会倒"，现在除了要求不能倒塌之外，还非常关心具体发生的损坏和损失有多大，是否影响震后的立即使用，是否需要加固修复，或者是否需要拆除。与消费者可以根据自身情况选购相应种类的牛奶一样，建筑业主也有权参与决策建筑物的抗震性能。日本现在几乎所有的新建集合住宅都采用了下文将要介绍的现代隔震技术以实现更高的抗震性能。这是市场的选择，而非结构工程师可以一厢情愿地决定的。对于拥有昂贵设备的工厂主，只要能够有效减小工厂在地震中的损失，设计建造厂房时增加一些造价也是完全合理的。对于生产关键零部件的大型工厂，如果受地震影响而长期停工，可能造成难以估计的巨大损失，甚至可能因市场份额被竞争对手侵吞而一蹶不振。这时对震后快速恢复生产活动的能力便有很高的要求。总之，业主最清楚自己的需求。好的建筑师在设计时总会尽可能地接近业主，了解业主的需求，并在此基础上完成自己的建筑创作设计。好的结构工程师也应一样，倾听并研究业主和公众的需求，帮助业主在经济性与地震损失之间做出合理的选择。令人遗憾的是，目前保守的建筑规范体系总是倾向于扼杀这种进步。

1996 年成立的美国太平洋地震工程研究中心（PEER）致力于推动基于性能的地震工程的发展。该中心将基于性能的地震工程描述为一种"在充分考虑业主和公众需求的基础上通过选择性能目标以完善地震风险决策的方法"❶。

说起来容易做起来难。这一理想中的方法不可避免地涵盖了工程地震、地质、结构、建筑、社会经济等各个方面的内容。美国斯坦福大学的 Helmet Krawinkler 教授给出的基于性能的地震工程的总体架构或许有助于我们认识到所面对的是如何庞大的一项任务[26]（如图 2-4 所示）。

比如，买牛奶除了脂肪含量之外，还有蛋白质、维生素、钙含量等各种指标可供参考。同样，为了全面评价结构工程的抗震性能，除了力和位移之外，加速度、残余变形等指标也要考虑在内。

基于性能的地震工程的一个突出特点是一切都需落实在社会与经济效益上。这使它不再是一个僵化的规范体系，而成为由市场驱动的富有活力的决策体系。地震是小概率事件。与确定性的评价体系相比，基于概率的风险分析方法似乎更加合适。

---

❶ "An approach to improve decision-making about seismic risk by making the choice of performance goals and the tradeoffs to facility owners and society at large."

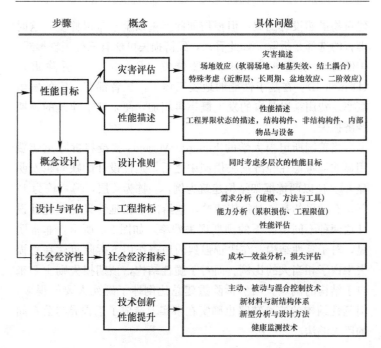

图 2-4　基于性能的地震工程的总体架构[26]

预期经济损失是将各种风险统一起来的有效指标。目前经济损失往往以一个无量纲的比例形式给出。分子是震后为获得与震前一样的建筑物所要花费的成本，分母则是该建筑物当初的建设成本。分母比较清楚，一旦建成便固定下来。分子则可以五花八门。得到与震前一样的建筑物可以有许多不同的情况。比如：一、建筑物彻底倒塌了，则需要清理废墟然后重建；二、建筑物有所损坏但并未倒塌，则往往首先想到对建筑物进行加固与修复。如果可行，加固与修复费用便成为分子。但还有另一种容易被忽视却大量存在的情况——拆除重建。

57

建筑物虽然没有倒塌，但损伤如此严重以至于难以修复，这时理智的选择是拆除。如此看来，经济损失可能有三种表现形式：①倒塌后重建（Collapse）；②修复（Repair）；③拆除重建（Demolish）。在基于性能的地震工程中，三者都有一定的发生概率。费用乘以各自的发生概率再相加，便是整个建筑的预期经济损失。

当美国斯坦福大学的 Eduardo Miranda 教授将拆除重建费用显式地考虑在经济损失模型中之后，延性设计的缺陷越发明显[27]。他以两栋框架结构建筑为例，一栋为 4 层，另一栋为 12 层。有意思的是，对每栋建筑，他给出了在延性设计和脆性设计这两种不同情况下的预期损失费率，如图 2-5 所示。非常明显，对于延性结构，在比较强烈的地震作用下拆除重建在总损失中占了相当大的比例。而对于脆性结构，预期损失则主要来自于结构的倒塌。当然拆除重建总比倒掉了砸死人要好得多，但延性结构的这一缺陷也确实在事实上造成了工程界与公众间的巨大鸿沟。

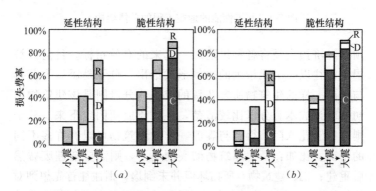

图 2-5　延性结构与脆性结构在地震中的经济损失的组成

(a) 4 层框架结构；(b) 12 层框架结构

僵硬的建筑规范体系剥夺了公众的选择权。不但造成了工程师与公众之间的认知鸿沟，而且阻碍了新技术的应用。它一方面无视新技术可能带来的社会与经济效益，另一方面以保守者的姿态为新技术的应用设置重重障碍。而在基于性能的地震工程中，工程技术创新将如鱼得水。

隔震建筑

基本概念

隔震的基本思想非常简单，就是在建筑物与基础之间设置一个柔软的隔震层，减小地震动对隔震层以上结构的影响。饱受地震之苦的日本人很早就开始尝试在小木屋下面整齐地垫上圆木来隔离地面振动。我国在早些年也研究过使用滑石、砂层或沥青等材料在上部结构与基础之间人为设置隔震层的做法。现代隔震技术的出现不过二三十年的历史，而真正大行其道则是在 1995 年日本神户地震之后。

底部隔震的想法非常简洁明了。在基础顶部将柱子截断，中间垫上性能可靠的隔震支座，就可以了。当一般建筑受到地震袭击时，地震动会从基础开始向上传播并被逐渐放大。这样一来，不但结构本身很容易损坏，建筑设备和室内家具等也都很容易损坏（如图 2-6a 所示）。在隔震建筑中，由于隔震层在水平方向比较柔软，变形主要集中在这里，于是产生两个效果：一是柔软的隔震层延长了结构的自振周期，往往可以有效减轻结构与地震动之间的共振效应，从而减小隔震层上部结构的振动；二是如果在隔震层中安装专门用于耗散地震能量的装置，则可以利用集中在隔震层的较大的变形，有效地耗散地震能量。

这两方面效果都有助于阻断地震能量向上部结构的传播，从而减轻上部结构的晃动（如图 2-6b 所示）。

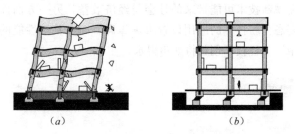

(a)　　　　　　　　　　　(b)

图 2-6　一般建筑与隔震建筑在地震作用下的变形示意图
(a) 一般建筑；(b) 隔震建筑

上述两方面隔震效果可以通过反应谱直观地解说。对于一般的地震动，短周期的加速度成分往往远大于长周期成分。图 2-7 (a) 所示的 TCU095-E 记录便是典型的例子。这条地震动记录是在 1999 年 M7.6 级台湾集集地震中得到的。比如一座普通多层建筑的基本周期是 0.5s，通过隔震将其周期延长至 3s。那么其最大拟加速度反应将从如图 2-7 (a) 所示的实心圆圈处大幅下降至空心圆圈处。如果在隔震层合理设置一些耗能装置，比如使整体结构的阻尼比从 2% 提高到 15%，则可以进一步降低至如图 2-7 (a) 所示的实心方块处。

在这个例子中，延长周期带来的减振效果远远大于提高耗能的减振效果。然而，结构的周期易于控制，未来地震动的频谱特性却难以掌握。如果遇到的不是 TCU095-E 记录那样的地震动，而是同样在集集地震中另一个台站记录到的 TCU052-E 记录那样的地震动，情况就大不一样了。

集集地震的 TCU052-E 记录是典型的"近断层长周期地震动"。其特点是在地震动时程中有明显的长周期大振幅脉冲。这

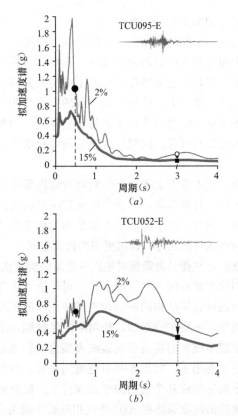

图 2-7　一般地震动与近断层地震动的反应谱

从图 2-7 所示的 TCU095-E 记录和 TCU052-E 记录的加速度时程的对比上可以看出来。这种长周期大振幅脉冲往往蕴含巨大的能量，表现在反应谱上就是在长周期段（比如周期大于 1s 的区段）会有明显的反应谱峰值。通过隔震手段延长结构的周期，有可能正中长周期地震动的下怀。尽管如此，通过在隔震层设置耗能装置，提高结构的耗能能力仍可以有效地减小上部结构的地震反应，如图 2-7 (b) 所示。

从地震损伤控制的角度讲，无论隔震结构能否有效避开未来地震动中蕴含较大能量的频率成分，其变形与损伤机制都被根本改变了。柔软的底部隔震层吸收了结构的大部分变形与损伤，像保险丝一样给上部结构可能受到的地震作用封了顶，使本来充满不确定性的地震作用更加易于估算，从而使上部结构的设计更加简便与可靠，同时也为建筑设计提供了高度的结构自由性。

一方面，它不像下文将要介绍的减震结构那样需要在结构中安装阻尼器、打斜撑等，不会干扰建筑师对隔震层以上建筑空间的构思。同时，由于降低了上部结构的地震作用，有利于减小上部结构构件的尺寸，提供更多的建筑空间。

另一方面，它能显著降低对地震区建筑结构规则性的要求。结构的规则性与建筑的空间性经常是一对矛盾。世界各国抗震规范都对地震区建筑结构的规则性有或多或少的限制，比如平面刚度要规则，不要东凸西凹；竖向刚度要规则，不要出现软弱层等。难道地震区的建筑必须盖成火柴盒吗？当然不是。于是抗震规范又支招了，如果非要不规则的平面，就切！把一个不规则的平面分割成几个规则的平面就行了。但抗震缝（即切口）两侧建筑的碰撞居然在 2008 年汶川地震中成为广泛关注的震害现象。大家于是又开始提倡"尽量不要设缝，设缝要足够宽"。缝太宽显然影响建筑美观，那就尽量不设缝，尽量做规则的平面吧！绕了一圈又回到了原点。隔震吧！给建筑创意搭建隔离于地震动的平台，让地震区的建筑设计也能拥有同等的结构自由性。

在享受真正的隔震建筑之前，不妨先在"隔震体验车"上亲身感受一下隔震的妙处。隔震体验车从表面上看就是一辆普通的货柜卡车，但它的货柜中却隐藏了一个小型的振动台。振动台上有一个三面围合一面开敞的房间，一张桌子，四张椅子，还有胆大的体验者（如图2-8所示）。房间被几个橡胶隔震支座支撑在振动台上。体验时使用的是在2007年 M_j6.8级日本新潟中越地震中记录到的地震动。峰值地面加速度高达约1.8倍重力加速度。

体验分为三步。首先是隔震后的房间在新潟中越地震中的晃动；第二步是非隔震房间在同样的地震动中的晃动；最后再体验一次隔震的效果，这时房间墙壁上的显示器上会同时显示橡胶隔震支座的实时画面。不隔震时，房间的晃动非常猛烈，整个人在椅子上被甩来甩去，如果不紧紧抓住桌边的扶手，恐怕要连人带椅翻倒过去了。隔震后在同样的地面运动下房间的晃动则减轻了许多，虽然仍能感觉到明显的摇晃，但坐在椅子上还是稳稳当当的。人们有了这样切身的体会，想必会更加愿意为隔震投入更多的成本吧。

图2-8 隔震体验车

尽管隔震技术似乎解决了许多问题，但仍有一些问题需要引起注意。比如，近断层长周期地震动可能在中长周期段蕴含较大的能量，并对相对比较柔软的建筑结构（如高层建筑、隔震建筑等）构成威胁，还可能使隔震层产生过大的变形，甚至与周边的挡土墙发生碰撞。碰撞产生的冲击力沿结构向上传播，有可能对上部结构造成意想不到的损伤。相关研究表明，近断层地震动在这方面的破坏力远远大于一般地震动[28]。

通过上文的介绍可以看出，性能可靠的隔震支座和耗能装置是现代隔震技术的关键。隔震支座需要在水平方向比较柔软，但在竖直方向却要比较坚固。下面介绍分别在日本和美国最为常用的两种隔震支座。

叠层橡胶隔震支座

叠层橡胶隔震支座的想法非常巧妙。柔软而富有弹性的橡胶是大家熟悉的材料。用它来隔震固然不错，但在水平方向柔软的同时，竖直方向也软了，支撑不了建筑物（如图 2-9 所示的整块橡胶）。

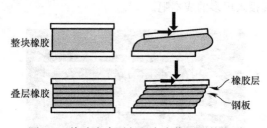

图 2-9　橡胶在水平与竖向力作用下的变形

但橡胶这种材料有个特点，泊松比非常大，接近 0.5。这意味着，虽然橡胶的弹性模量非常小（大约只有钢材的 1% 左右），但它的体积模量并不小。换句话说，当四周没有什么约束的时候，橡胶非常柔软，但如果像把水盛在杯子里一样把橡胶的四周约束起来，则很难把它压扁。如何既为橡胶提供强大的侧向约束以提高其竖向刚度，又不影响橡胶在水平方向的柔软性以实现隔震？20 世纪 70 年代，人们想到了"叠层橡胶"的办法，即将橡胶层与钢板一层一层交错布置，使钢板约束橡胶层的横向膨胀，同时又不影响橡胶层在水平力作用下的侧向变形（如图 2-9 所示）。

叠层橡胶隔震支座在日本等国得到了广泛的应用。为保证钢板对橡胶的约束效果，橡胶层通常只有几毫米厚。据统计，日本目前使用的隔震支座有 90%左右是叠层橡胶支座（包括天然橡胶和高阻尼橡胶），单层橡胶厚度在 3～9mm，直径则可达 1.5m[29]。

天然橡胶本身基本上不具备耗能能力，因此需要另想办法给隔震层提供足够的耗能能力。办法很多，比如使用油阻尼器，使用高阻尼橡胶，但最为常用的还是性能稳定的金属阻尼器。需要指出的是，隔震层中的阻尼器与下文将要介绍的使用在上部结构中的阻尼器有所不同。一般抗震建筑的上部结构在强烈地震作用下的水平变形限值仅为三四十毫米。而隔震结构在强烈地震作用下的隔震层预期水平变形可达三四百毫米。由于隔震层集中了很大的水平变形，隔震层中设置的阻尼器便相应地需要有很大的变形能力。

日本目前拥有世界上最多的隔震建筑。截至 2010 年，日本已有超过 4000 栋独栋住宅使用了隔震技术，还有将近 3000 栋其他建筑也采用了隔震技术（如图 2-10 所示）。这恐怕已经超过世界其他国家和地区所有隔震建筑的数量的总和了。记得日建设计❶曾在清华大学开展技术交流活动。一位少壮派的日本工程师在讲演将要结束时满怀激情地说，他的梦想是采用隔震

---

　❶　日建设计（Nikken Sekkei）是日本最大的建筑设计公司，成立于 1900 年，曾设计东京塔、关西国际机场、神户塔、东京中城和东京天空树等著名建筑。

技术将整个日本列岛与地震隔离开来！目前看来是痴人说梦，谁又知道百年后会不会成为现实呢？

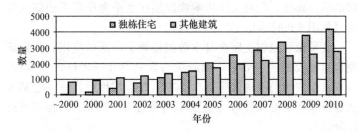

图 2-10　日本隔震建筑数量的推移（数据来源：日本隔震结构协会）

摩擦摆型隔震支座

另一种巧妙的隔震支座受到了锐意创新的美国工程师的青睐——摩擦摆型隔震支座（Friction Pendulum Isolator）。其原理类似于单摆，如图 2-11 所示。图 2-11（a）所示是一个单摆，当摆锤偏离平衡位置后，其重力的法线分量成为它的恢复力。如果没有摩擦，图 2-11（b）所示的在内凹弧面支座上滑动的物体的运动和单摆是完全一样的。摆型隔震是让建筑的柱子像图 2-11（c）所示那样支撑在一个个弧面支座上。弧底是平衡位置。当建筑在水平地震作用下偏离平衡位置时，它的自重开始提供恢复力❶（Restoring force）。柱头与弧面之间的摩擦一方面控制起滑条件，即在多大的地震作用下建筑物开始在弧面上滑动；另一方面可通过滑动过程中的摩擦耗散地震输入能量，一举两得。

---

❶　使结构恢复到原来位置或构形的力，英文为 Restoring force。与本章最后一节介绍的韧性（Resilience）不同，后者的内涵更加丰富。

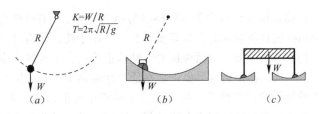

$$K=W/R$$
$$T=2\pi\sqrt{R/g}$$

图 2-11 摩擦摆型隔震支座的基本原理

像单摆的摆动周期只与其臂长有关一样，摩擦摆型隔震支座
的隔震周期几乎只与弧面半径有关，而与上部结构的重量基本
无关。如上文所述，延长结构周期以避开地震输入能量比较集
中的频段是隔震技术的基本原理之一。当使用橡胶隔震支座时，
需要根据上部结构的刚度和质量来设计隔震层的刚度以获得希
望的隔震周期。但如果使用摩擦摆型隔震支座，只要选择合适
的弧面半径，就可以轻松获得希望的隔震周期，而不必考虑上
部结构的种种不确定性。这使它具有更加广泛的适用性，设计
起来也更加方便。图 2-12 所示是美国 Earthquake Protection
System（EPS）公司生产的摩擦摆型隔震支座。图 2-12（a）所
示的是将隔震支座的上下两个弧面打开时的样子。内凹弧面中
间黑色的部分便是滑块。值得注意的是，这种隔震支座往往比
上文介绍的叠层橡胶支座薄得多，占用空间更小。

图 2-12 EPS 公司生产的摩擦摆型隔震支座（EPS）[30]

目前在桥梁结构中采用摩擦摆型隔震支座已经有可能在提高结构抗震性能的同时大幅降低造价，应用于建筑结构时结构造价仍会有所增加。但话说回来，结构造价在整个建筑成本中也就占三成，甚至更少。如果能在适当增加结构造价的同时大大改善结构的抗震性能，减小在未来地震中可能遭受的损失，何乐而不为呢？可以毫不夸张地说，隔震技术是目前为止实现基于性能的抗震设计的最有效也是最简便的方法。

隔震在于细节

现代主义建筑大师路德维希·密斯·凡德罗[1]的一句"God is in the detail"（上帝存在于细节）成为他的极简主义建筑的经典注脚。何事不是如此呢？世上就怕认真二字，也就怕不认真三字。隔震建筑的结构体系至简至洁，但不认真的细节可使之毁于一旦。

隔震的精髓在于设置可以发生较大侧向位移的软弱层（即隔震层）。所有的细部设计都应保证隔震层真正可以发生预期的位移。但这一点往往易被忽视，以为放置了隔震支座就是隔震建筑了。芦山县某医院在汶川地震后斥巨资新建的一栋隔震门诊楼便因为犯了这样的忌讳而在 2013 年 M_s7.0 级芦山地震中蒙受了不应该的损失。

为便于说明，图 2-13 所示对比了该隔震门诊楼与位于日本东京的一栋隔震住宅的几处细节。隔震建筑中，跨越隔震层的结构或非结构构件主要有楼梯、排水管、各种管道等。由图 2-13 (a) 所示可见，该医院隔震门诊楼从地面进入地下室的楼梯跨

---

[1] 路德维希·密斯·凡德罗 (Ludwig Mies van der Rohe, 1886～1969)，现代主义建筑大师，推崇精致的极简主义，代表作品包括巴塞罗那世博会德国馆、范斯沃斯住宅等。

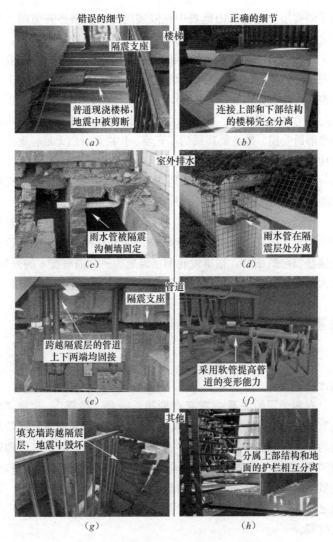

图 2-13　隔震建筑的细节

越了隔震层，且在芦山地震中在隔震层的位置被齐齐剪断。换言之，这个楼梯曾在地震发生时阻止了隔震层的自由变形，削弱了建筑的隔震效果。排水管和其他各种管道也是一样，只要跨越隔震层，就应该认真地考虑可能发生的侧向位移。要么将上下管道分隔开（如图 2-13b 所示），要么采用柔性软管提高管道的变形能力（如图 2-13f 所示），使之在地震发生时不会因隔震层的变形而受损。跨越隔震层的填充墙、护栏等看似无足轻重的非结构构件的设计也体现了隔震建筑设计与施工的水平。图 2-13(h) 所示，分属于上部结构和地面的两段护栏被设计成水平交错而相互完全分离的形式，不由地感慨日本工程师的认真细致。

我国目前已建成将近 3500 栋隔震建筑，从绝对数量上看是仅次于日本的隔震大国。但看到 2012 年新建的这栋隔震门诊楼的这些粗糙的细节，很难说我国已经成为一个隔震技术的强国。由大国变为强国，中间的差距恐怕就在于对细节的不懈追求。

减震建筑

基本概念

有两个词的关系一直有点别扭，一是"抗震"，一是"减震"。狭义的抗震是指提高建筑主体结构自身的承载力，改善结构的损伤机制以使其在地震中自我保全的一种策略，可以理解为"硬碰硬"；与之相对的是减震，其基本思想是想办法转移或耗散地震输入的能量以保全建筑主体结构，是"以柔克刚"。别扭之处在于，减震、隔震和抗震经常被统称为"抗震"，即广义的抗震。

与隔震建筑在上部结构与基础之间设置隔震层不同，减震建

筑直接对上部结构下功夫。图 2-14 所示是减震结构的经典概念
图。人为地将一个整体结构分为主体结构和减振子结构两部分。
主体结构是承受一般竖向荷载所必不可少的。建筑结构的倒塌也
总是由主体结构失效导致的。减振子结构由阻尼器构成，其任务
是在地震作用下保护主体结构。如何保护？其实上文介绍隔震结
构时也已提及，就是通过自身的变形耗散地震能量从而降低整体
结构的地震反应（如图 2-7 所示）。从这个角度来讲，减振子结
构中的阻尼器有些像电力系统中的保险丝。一旦负荷超过了一定
程度便以自我牺牲的方式保证系统其他部分的安全。

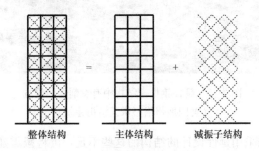

整体结构　　　　　主体结构　　　　　减振子结构

图 2-14　减震建筑结构概念图[31]

　　本章开头提到的延性结构也利用结构构件的塑性变形来耗
散地震能量从而减轻地震反应。但它与减震结构的本质区别在
于，它是利用主体结构中的构件来耗散能量。比如延性框架结
构的理想损伤机制是梁屈服机制。这样一来，框架梁本来一方
面要承担竖向荷载，地震来了还要耗能，不但要"上得厅堂，
下得厨房"，还要一边上厅堂一边下厨房，难免顾此失彼。1994
年美国北岭地震后在延性钢框架结构中发现大量梁端脆性破坏。
这一现象无疑为鼓吹延性设计的工程师泼了凉水，但也催生出
许多改善梁端塑性变形能力和耗能能力的方法。图 2-15 所示的
削弱梁端的方法便是北岭地震后人为地将预期屈服部位从梁柱

71

连接处移开以改善梁端受力状况的常见做法。

即使如此，在延性框架结构中预期屈服的框架梁与预期不
屈服的框架柱串联在一起形成整体结构。一旦框架梁屈服，整
体结构刚度将严重退化从而导致较大的塑性变形。主体结构构
件（比如框架梁）的损伤本身更是直接的经济损失。这是业主
不希望看到的。

图 2-15　延性钢框架结构中有意削弱的梁端
（美国加州洛杉矶某沿街建筑）

对照采用延性设计的结构的这些不足，可将减震建筑中减
振子结构的特点归纳如下：①只下厨房，不上厅堂；②与主体
结构并联；③损坏后易于修复或更换。

如果将整体结构视为一个系统，那么图 2-14 所示的减震结
构的系统功能则有了更好的"分工"。在系统里实行分工总是件
好事情，是提高效率的事情。而系统的进化似乎也总是向着分
工不断细化的方向发展，比如人类社会系统内部的分工，生物
体内器官的分化等。建筑结构也是如此。既然我们意识到承载
力和刚度很重要，延性也很重要，但延性意味着损伤，那么何
不分分工。以前框架梁既要传递竖向荷载，又要在地震作用下
耗能，负担太重，要求太高。现在用减振子结构把梁从地震作
用下解放出来。平时的竖向荷载主要由主体结构来承担，地震

时减振子结构承担大部分的水平作用，发生损伤时也是减振子结构首当其冲。这就要求减振子结构具有较大的侧向刚度。地震后有些减振构件如果损坏了，拆下来换个新的就是了。如果梁或者柱坏了可就没这么容易修复了。

上述减震建筑结构设计理念于 20 世纪 90 年代初在日本提出，并于 1995 年日本神户地震后迅速被公众接受。截至 2010 年，日本已有超过 1000 座不同类型的减震建筑（如图 2-16 所示）。减震建筑离不开性能可靠的阻尼器。下面要介绍的防屈曲支撑是其中最典型的代表。

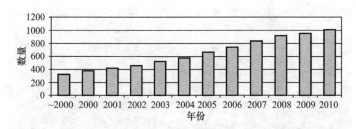

图 2-16　日本减震建筑数量的推移（数据来源：日本隔震结构协会）

防屈曲支撑

介绍防屈曲支撑之前，先说说支撑，用到建筑结构里也就成了斜撑。在 2008 年汶川地震后不久的一次学术会议上，国内建筑结构领域某位专家颇为激动地说，国内的建筑师小时候都种下了病，好说歹说都不愿意在建筑上打叉，因为小时候作业写错了才会被打叉。

这位专家所说的"打叉"，便是指在建筑结构中使用斜撑。贝聿铭先生在香港中银大厦的设计中使巨型空间桁架结构外露，可谓是"打叉"的典范，但诸如其破坏风水之类的流言蜚语也时常出现。

从建筑结构的角度讲，斜撑不但可以有效提高结构的抗侧刚度，还可以丰富结构的抗震防线并成为非常有效的减震构件。在地震多发的日本，工程师和建筑师在这方面配合得很好，利用斜撑使建筑既坚固又不失美观。更确切地说，是敢于让结构展示自己的美。有健美的身材就要秀出来，穿上白大褂遮遮掩掩反而容易弄巧成拙。

作为一个例子，来看看被肆无忌惮的斜撑包裹的东京工业大学建筑系系馆（绿之丘1号馆，如图2-17所示）。

图 2-17　东京工业大学绿之丘1号馆的耗能立面

"因为这是建筑系的系馆,所以不想把它加固成一座丑陋的建筑。"就是这样一个简单的想法,为我们带来了一个新颖的"耗能立面"。它既捍卫了建筑系的尊严,又令结构工程师非常满足。

这个耗能立面由两层组成。首先是紧紧固定在原有钢筋混凝土结构上的一个斜撑系统,然后是附着在这个斜撑系统上的遮阳板。没有什么玄机,从想法到实施都很简单。不知道建筑师们能不能理解结构工程师对于"打叉"的执着。这实在是一个非常好的提高结构抗震能力的手段。知道斜撑的好处,下面就看建筑师的了。一味地讨厌斜撑是没有用的。从罗马穹顶,到哥特扶壁柱,再到钢筋混凝土框架,一代代都是在结构合理性的基础上开展建筑创作的。抵制结构合理性的做法是不对的。

绿之丘1号馆的耗能立面中使用的斜撑系统便是由大量防屈曲支撑构成的。顾名思义,防屈曲支撑(Buckling Restrained Brace,BRB)是指一种在受压时不会发生弹性屈曲(失稳)的支撑构件。普通钢支撑在钢结构中应用广泛。如果不存在整体失稳的问题,它可以为结构提供很大的抗侧刚度,减小结构在地震作用下的位移需求,还可以提供额外的抗侧承载力,并通过自身的塑性变形耗散地震输入能量,减小整体结构的地震反应。但普通钢支撑的整体失稳问题一直困扰着结构工程师。

用力压一根塑料尺,尺子会在某一瞬间突然弯折,用力过猛还会使尺子折断。这是生活中常见的失稳现象。建筑结构中的钢支撑也是如此。当钢支撑的欧拉力小于其屈服承载力时,便会在受压时发生整体失稳,其轴向力—位移关系如图2-18(a)所示。其不利后果主要包括:①丧失受压侧承载力和滞回耗能能力;②使受拉侧屈服位移不断增大,难以发挥作用;③对于开口截面还会因局部屈曲而出现严重的应力集中,加速支撑构件的低周疲劳破坏；④若发生面外整体失稳还会导致节点板翘曲，增大节点板设计的难度；⑤采用人字撑时会在框架梁跨中产生很大的集中拉力，使梁的设计变得复杂。

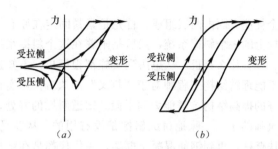

图 2-18 普通钢支撑与防屈曲支撑轴向滞回曲线示意图
(a) 普通钢支撑；(b) 防屈曲支撑

为了解决钢支撑受压失稳的问题，20 世纪 80 年代末，新日本制铁公司❶、日建设计和东京工业大学联合研制了一种新型的"无粘结支撑"（Un-Bonded Brace，UBB），成为世界范围内防屈曲支撑的先驱。在日本，无粘结支撑至今仍是应用最为广泛的一种防屈曲支撑。其基本思想是将钢支撑包裹在填充了砂浆的钢管内，砂浆与钢支撑之间设置特殊的无粘结材料以最大限度地减小钢支撑通过摩擦作用传递给外围钢管的轴力。外围钢管和砂浆基本不受轴力作用，只为内部钢支撑提供侧向约束以防止其发生整体失稳。图 2-19 所示比较了普通钢支撑和防屈曲支撑在轴压作用下的变形模式。图 2-20 所示给出了新日本制铁公司生产的无粘结支撑的一个详图示例。

---

❶ 新日本制铁公司，简称"新日铁"（Nippon Steel），是日本最大的钢铁企业。

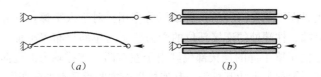

图 2-19　普通钢支撑与防屈曲支撑轴向受压变形模式示意图

(a) 普通钢支撑；(b) 防屈曲支撑

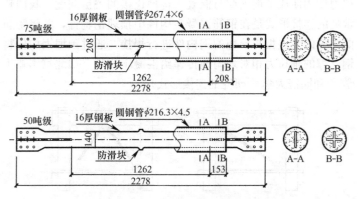

图 2-20　新日铁生产的防屈曲支撑详图示例[32]

防屈曲支撑的问世避免了上文提到的普通钢支撑的五方面缺点，结合损伤控制结构的理念，在日本的钢结构领域迅速取得了广泛的应用。其稳定而相对简单的受力性能也逐渐受到美国和台湾工程师的青睐。近年来防屈曲支撑在我国大陆的应用也越来越多。与日本的国情不同，钢筋混凝土结构在我国是建筑结构的主要形式。因此我国在将防屈曲支撑应用于钢筋混凝土结构方面具有很大的市场优势，发展得比日本更快。

防屈曲支撑在框架结构中经常采用单斜撑或人字撑的布置形式（如图 2-21 所示）。对于单斜撑布置，支撑两端与混凝土框架的连接部位都可能受到巨大的斜向集中拉力或压力作用，连接界面则承受巨大的拉剪或压剪作用。对于人字撑，下方两个梁端、柱端处的连接部位的受力状态与单斜撑布置类似，而上方位于梁中部的连接部位则由于左右两个支撑轴力的竖向分量在一定程度上相互抵消，其连接界面主要承受水平剪切作用，而界面法向的拉/压作用则相对较小。

由于混凝土本身的抗拉性能较差，如何有效传递钢支撑的拉力作用便成了钢支撑与混凝土构件连接的关键问题。我国较常见的连接形式是在钢筋混凝土构件中预埋钢构件，并将防屈曲支撑的节点板与预埋的钢构件进行焊接，通过预埋钢构件将钢支撑的轴拉力相对均匀地传递给混凝土构件（如北京工业大学[33]和同济大学[34]研究的连接形式）。

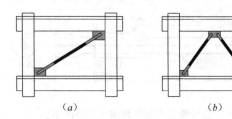

(a) (b)

图 2-21　常见的防屈曲支撑布置形式
(a) 单斜撑；(b) 人字撑

可以通过多种形式的局部连接构造改善防屈曲支撑与混凝土构件连接界面的局部受力与损伤性能。东京工业大学的研究者们则从结构体系的层次上提出了一个改善连接界面受力性能的大胆方案——连续防屈曲支撑钢筋混凝土框架结构（如图 2-22 所示）。在这个方案中，防屈曲支撑从结构底层到结构顶层连续布置，上下两层的防屈曲支撑共用同一个节点板，而在支撑跨不再设置钢筋混凝土梁。节点板通过预应力螺栓紧紧固定在梁柱节点侧壁，并在每个节点板上下设置结实的钢筋混凝土牛腿以抵抗连接界面的巨大剪力作用。

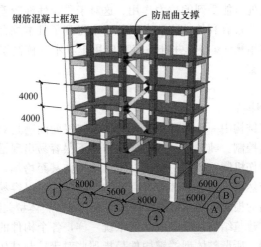

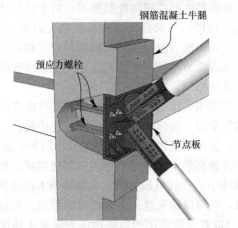

图 2-22 连续防屈曲支撑钢筋混凝土框架结构示意图[32]

当连续防屈曲支撑框架结构发生侧向变形时，上下两个防屈曲支撑经常一个处于受拉状态，而另一个处于受压状态。两个支撑轴力的水平分量在一定程度上可以相互抵消,从而减小连接界面处可能受到的拉力作用。这对于受拉性能较差的混凝土而言是非常有利的。这一大胆的方案得到了日本综合建筑承包商熊谷组❶的支持,并准备将其应用于日本一栋高层住宅楼的结构方案。

损伤机制控制

减震结构中一个非常重要却经常被忽视的问题是对地震损伤机制的控制。纯框架结构在地震作用下很容易出现糟糕的局部楼层损伤机制,即某一楼层发生严重损伤甚至垮塌,而其他楼层却依然基本完好。带有抗震墙的结构往往可以容易地避免这种不利的损伤机制。抗震墙在这里扮演了"整体型关键构件"的角色。建筑结构系统也跟其他系统一样,各个构件的重要性非常不同。所谓整体型关键构件是指那些对于控制结构损伤机制非常重要的构件。它未必为结构提供很大的刚度或承载力,但一定要有足够的能力控制结构沿高度的变形模式,充分发挥各个楼层的抗震能力。其重要性不亚于一支篮球队的控球后卫或者一支军队的将领。

在结构体系中采用上文所述的防屈曲支撑或其他专门用于消能减震的阻尼器,虽然可能提高结构的耗能能力,减小结构的地震反应,但如果主体结构在强烈地震作用下不幸发生损伤,同样可能出现损伤集中现象并发展为局部楼层损伤机制。如果在主体结构中引入能够以较大的安全储备基本保持弹性的整体型关键构件,则可以避免这一不利情况的出现。东京工业大学铃悬台校区 G3 教学楼采用的后张预应力混凝土摇摆墙恰如其

---

❶ 熊谷组(Kumagai Gumi)是日本第二梯队的大型综合建筑承包商,全盛时期曾位列日本五大综合建筑承包商,曾承担台北 101 大厦的建设。

分地体现了这一理念。

东京工业大学铃悬台校区与其说是大学，不如说是工业技术研究所。这里没有本科生，也没有一点儿人文气息，从这里的建筑群就可以看出这一点儿。G3教学楼就是这些无聊的建筑中比较年长的一栋。它的清水混凝土表面已经变得又黑又丑，更致命的是它的抗震能力被认为无法满足日本现行抗震法规的要求，需要立即进行抗震加固。它的平面是狭长的矩形，且在两端和中央各有缩进。利用这一特点，东京工业大学的和田章教授提出了如图 2-23 所示的抗震加固方案[35]。

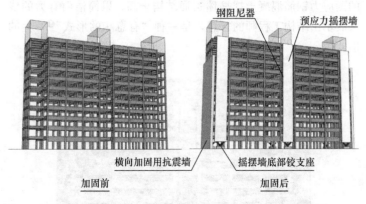

图 2-23　东京工业大学 G3 教学楼抗震加固方案示意图[35]

该加固方案的主要构思是在两端和中央的缩进处布置贯通结构全高的后张预应力混凝土墙，因为它位于室外，不占用建筑内部空间，加固施工时也不会对建筑内部空间的使用造成影响。和田先生希望这些墙做得尽量厚些，毕竟混凝土相对便宜，把墙体做厚也不会增加多少模板和钢筋用量。这些预应力混凝土墙在各个楼层位置通过背后的水平钢支撑与既有框架结构相连，保证两者在水平地震作用下协同工作。精彩之处在于，这些墙体在底部通过特制的铰支座与地面相连，从而使它们在水平地震作用下可以以该铰支座为转动中心发生摇摆，而不出现任何损伤。这也是将它们称为"摇摆墙"的原因。因为能够自如摇摆，它们并不会为既有结构提供很大的抗侧刚度和承载力，却能有效地控制结构沿高度方向的变形模式，防止出现不利的局部楼层损伤机制。

图 2-24 所示是 G3 教学楼加固后的正立面。乍一看，加固前后最大的区别恐怕莫过于重新粉刷的立面了。其实这只是 G3 教学楼所发生的改变中最无足轻重的一个。在教学楼外侧附建的预应力钢筋混凝土摇摆墙贯通结构全高，以简洁而有力的线条展示出结构工程师的智慧，是一种"有意味的形式"❶，美的形式。

图 2-24　加固后的 G3 教学楼正立面（小野口弘美拍摄）

---

❶　语出《美的历程》，李泽厚著。

在摇摆墙两侧与既有混凝土柱之间安装有众多剪切型钢阻尼器。它们利用整体结构发生侧向变形时摇摆墙与既有混凝土柱之间较大的相对位移，可有效耗散地震输入能量，减小整体结构的地震反应。如果从这个角度审视减震建筑中的损伤机制控制问题，则不难发现它与上文介绍的隔震建筑在抗震理念上的共通之处。两者成立的前提都在于有效地控制结构在地震作用下的变形模式以及与之相应的损伤机制。区别仅在于，隔震建筑希望变形与损伤尽量集中在隔震层；G3 教学楼则希望变形与损伤尽量均匀地分布在结构各个楼层。这正是两种最简单的控制目标——要么尽量集中，要么尽量分散，如图 2-25 所示。控制目标越简单，实现起来越容易。地震已经是高度不确定的外部作用，建筑结构的不确定性越小越好。

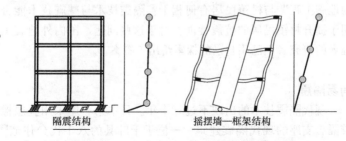

隔震结构   摇摆墙—框架结构

图 2-25　隔震结构和摇摆墙—框架结构的理想变形模型

只有以明确的变形模式和损伤机制为前提，才能有效地布置阻尼器。比如隔震结构将阻尼器全部布置在隔震层，G3 教学楼将钢阻尼器布置在摇摆墙两侧，都是在已知的变形模式中相对位移较大的部位设置阻尼器，以最大限度地发挥其耗能作用。

由此可见，有效的减震技术并不等于简单地设置阻尼器，而首先应采取有效措施控制结构的变形模式和损伤机制。

新技术的群众路线

建筑是地震灾害的主要载体。将从 1976 年唐山地震到 2008 年汶川地震到 2009 年玉树地震再到 2013 年芦山地震的三十余年间我国建筑震害的种种改变与不变梳理一下，似乎加上几个字也是合理的："村镇民居是我国地震灾害的主要载体"。与钢筋混凝土框架结构在汶川地震重灾区学校和政府设施的恢复重建中得以迅速普及相对的是，由村镇居民自己建造的形形色色的砌体结构、木结构民居在地震面前的脆弱性并没有显著降低。除了经济水平、监督管理等非工程技术因素之外，地震工程的发展能为他们带来什么好处呢？上文介绍的"基于性能的地震工程"与村镇民居有何相干？隔震技术与减震技术能否用于提升村镇民居的抗震性能？对于这些问题，国内外地震工程界的研究者们已用自己的探索给出了答案。

简易隔震

现代隔震技术的出现不过三十年。日本第一座采用叠层橡胶隔震支座的现代隔震建筑——位于千叶县的八千代台住宅❶建成于 1983 年。而在此之前，我国学者已经从震害经验和我国国情出发开始了村镇建筑的隔震尝试。

受我国几次地震震害现象的启发❷，冶金部建筑研究总院李立研究员早在 20 世纪 60 年代便开始了针对我国村镇大量存

---

❶ 上部结构为二层钢筋混凝土框架结构，高 7.6m，建筑面积约 114m²。结构设计出自日本福冈大学教授多田英之先生和东京建筑研究所的山口昭一。

❷ 根据本书参考文献 [36]，这些地震包括 1960 年 M_s5.8 级吉林土桥地震、1966 年 M_s6.8 级邢台地震和 1969 年 M_s7.4 级渤海地震等。

在的砖房和土坯房的简易隔震技术的探索，并提出了如图 2-26
所示的砂层隔震。在建筑底层的砖墙与基础之间设置一个滑动
隔震层。该隔震层由上下两层平整的水磨石板和夹在中间的精
选砂层构成。

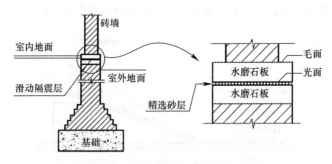

图 2-26　砂层隔震的隔震层做法
（左图根据本书参考文献［36］插图绘制）

采用这一隔震技术，1975 年在云南华坪和四川西昌分别建
成了两座隔震的单层土坯房；1980 年在河南安阳建成一座隔震
的单层砖房。1981 年建成的位于北京中关村的北京强震观测中
心四层砌体结构宿舍楼也采用了这一隔震技术[36]。这些均比日
本八千代台住宅还要早。可惜的是，虽然这些砂层隔震房屋均
分布在我国地震危险性较高的地区，但至今仍未遭受大地震的
检验。

滑动隔震层中的砂粒需要精挑细选。时隔近四十年，李立
研究员在 2008 年汶川地震后再次发文推荐这种简易隔震技术，
并详细介绍了选砂的方法[37]：

（1）首先将普通的砂土洗净，除去其中的泥土然后晒干；

（2）筛选这些清洁的石英砂粒，只选用 1.8～2.0mm 的砂
粒（过细及过粗的砂粒都不用）；

（3）用一块光滑的大玻璃板倾斜 20°放在水平面上，将筛选后的砂粒撒在斜板上，其中滚下来的砂粒为较圆形的，比较容易滚动，撒在两块光滑石板之间，就能够起到滑动减震作用（如图 2-27 所示）。注意：在光滑石板上铺撒精选后的砂粒，只能铺撒一层，千万不能重叠，以免影响砂粒的自由滚动。

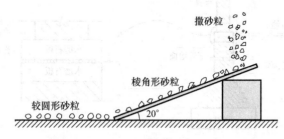

图 2-27　隔震层砂粒的筛选[37]

除砂层隔震之外，我国学者还提出了沥青层隔震[38]、石墨隔震[39] 等简易隔震技术，且均有所应用。国外一些学者也曾提出诸如利用废旧汽车轮胎加工廉价隔震支座的做法，以促进高地震危险性地区农村建筑的隔震化。

令人遗憾的是，这方面的努力很少能"上大舞台"。尽管村镇民居容易在地震中造成人员伤亡是尽人皆知的事情，但一方面，村镇民居问题复杂，受经济、社会发展水平制约非常明显，技术因素能够发挥的作用相对有限；另一方面，村镇民居规模小，造价低，显示度差，于名于利都不符合当今商业社会的取舍逻辑。因而，村镇民居抗震性能问题往往难以引起主流学界的关注。

减震木屋

与我国国情不同，日本几乎没有砖房或土坯房。图 2-28 所示给出了日本近三十年来按照新建房屋建筑面积统计的各种结构类型所占的比重。钢结构稳中有升，木结构和混凝土结构则稳中有降。有意思的是，1995年神户地震后木结构的比例逐步减少，这与神户地震中成片的木结构房屋发生火灾并导致大量伤亡不无关系。但在大震灾十年之后，木结构的比例又开始回升。特别是对于私人宅邸，木结构在数量上占有绝对优势。我曾不止一次地问不同的日本人为什么喜欢盖木结构的房子。虽然不同人的回答不尽相同，但除了造价低、工期短、抗震性能好等原因之外，最多被提及的居然是喜欢木材的天然材质。真是匪夷所思！总之，无论是在城市还是在农村，更多的日本人住在两三层的木屋里。这是日本的国情。如何更有效地保护木屋免受地震破坏是这一国情给日本地震工程界提出的问题。

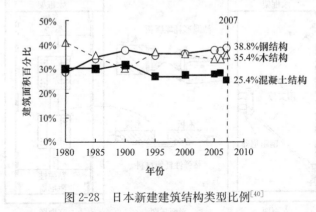

图 2-28　日本新建建筑结构类型比例[40]

在东京工业大学铃悬台校区的尖端科技博物馆里，与有"活化石"之称的腔棘鱼标本、灵活而有力的机械手、可弯折的液晶显示材料等高科技成果一同展示的，是由笠井和彦先生（Kazuhiro Kasai）和坂田弘安先生（Hiroyasu Sakata）共同开发的减震木屋的局部足尺模型。图 2-29 所示，在左边的模型中，小巧的钢阻尼器一端固定在木柱上，另一端通过一对钢支撑连接在对面的木柱上。当木框架在地震作用下发生侧向变形时，钢支撑迫使钢阻尼器发生竖向错动并使耗能腹板屈服，利用钢材的塑性变形耗散地震能量。耗能腹板特意设计成与弯矩分布相符的沙漏形，以便使整个腹板均匀地进入塑性，提高耗能效率。

在右边的模型中，两个方形粘弹性阻尼器通过左右两块木板与木框架柱相连。木框架发生侧向变形时左右两块木板上下错动，带动粘弹性阻尼器产生竖向相对变形。粘弹性阻尼器也很简单，无非是两片钢板中间夹一层粘弹性材料。发生变形并耗散地震能量的正是这一层粘弹性材料。

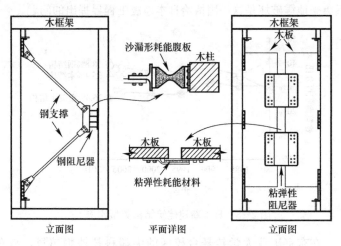

图 2-29　木结构的减震方案

让木屋摇摆起来是更加大胆的减震方案[41]。如图 2-30 所示，在房屋内部从顶到底穿上预应力钢棒，钢棒中间安装由一个弹簧和一个小型粘弹性阻尼器并联构成的"自复位减震单元"。木屋的柱子只与基础榫接，即只能抵抗侧向力，而不抵抗竖向力。在水平地震作用下，木屋会像不倒翁一样左右摇摆，结构变形主要表现为由钢索、弹簧和粘弹性阻尼器组成的锚固系统的伸长。其中大部分变形又集中于由弹簧与粘弹性阻尼器并联而成的刚度较小的自复位减震单元。粘弹性阻尼器的变形有助于提高结构的耗能能力；弹簧的变形则为结构提供了额外的自复位能力❶。

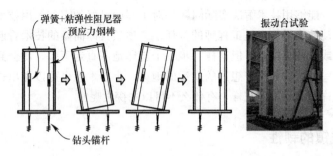

图 2-30　摇摆木屋与简便的基础加固[41][42]

与减震木屋相关的一个问题来自于木屋的基础。截至 2008 年，东京市内尚有 26 万户 1970 年之前建造的木屋。而直到 1971 年日本《建筑基准法》才要求木屋必须建在混凝土基础上[42]。这意味着这些木屋大多没有牢固的基础。

上部结构的抗震加固或许还算容易，既可以通过增设木板墙或者在木节点安装金属连接件等传统方法，也可以采用减震木屋那样的新方法，但无论如何，加固后的上部结构都会对基础提出更高的要求。如何以低廉的成本加固这些老旧木屋的基

---

❶　结构在地震过后自动恢复到原来位形的能力。详见下文"建筑损伤控制"一节。

础，着实需要些智慧。

像图 2-30 所示的那样通过端部像钻头一样的长锚杆把木屋直接锚固在地表土层是一种简易经济的方法。依靠三名成年男子的人力即可将钻头锚杆钻入地表 1～2m 深。钻头锚杆提供的锚固力虽然随土层情况、钻入深度、钻头叶片数和形状等因素而异，但对于常见场地，达到 15kN 基本不成问题[42]，通过合理设置足够数量的锚杆，足以应付木屋的锚固。

能够用技术解决实际问题是对工程师最好的嘉奖。用技术推动社会进步也是工程师的责任。一项项具体而微的技术看起来或许并不出众，但这样一步一个脚印地一直走下去，便会到达一个当初都不曾想过的遥远的地方。小小木屋也可以做出这么许多有意思的花样，有什么不可以去探索呢？

城镇的韧性

什么是韧性

2011 年日本东北大地震几乎可以让日本抗震工程界欢呼雀跃，因为工程师和研究者们通过十几年的努力显著地降低了他们的家园在地震面前的脆弱性。但另一个幽灵开始游荡，它的名字叫：Resilience。

在为社会防灾语境下的 Resilience 找到合适的中文名称之前，先来看看它的内涵。就在日本东北地震发生前几天，UC Berkeley 的 Stephen A. Mahin 教授在东京召开的第八届都市地震工程国际会议 (International Conference on Urban Earthquake Engineering) 上这样描述他理想中的 Resilient Community："一次巨大的地震袭来，人们感到强烈而持久的摇晃，摇晃停止后有人放下手里的咖啡，看看身边的同事，说：'So what! Let's go back to work.'（那又怎样？让我们继续工作吧）"

这次演讲几天之后的大地震及其灾难性后果，使"Resilience"以及"Resilient Community"的概念以出人意料的速度占领了日本地震工程界。对于有机体而言，将这种能力称为"治愈力"或许很合适。《X战警》里的金刚狼便是治愈力高的典型。现在要说的是人类社会在地震灾害面前的治愈力，姑且称之为"韧性"吧。

结构动力学中也有一个恢复力（Resisting Force 或 Restoring Force），指的是结构体系在外部作用下产生一定的变形后恢复原有位形的力。同样，社会防灾意义上的韧性也是人类社会在外部作用，通常是自然灾害作用下遭受一定影响后恢复其正常功能的能力。与结构力学意义上的恢复力相比，建筑物、人居环境，乃至人类社会的韧性具有更加广泛的内涵。

美国 Buffalo 大学的 Michel Bruneau 等人早在 2003 年便将韧性的内涵巧妙地概括为"4R"，即 Robustness（健壮性）、Redundancy（冗余性）、Resourcefulness（丰富性）、Rapidity（快速性）[43]。其中，健壮性指人居环境抵御自然灾害的能力，是韧性的基础；快速性评价社会活动恢复正常所需的时间，是韧性的目标。韧性的这两个维度可以用图 2-31（a）直观地表示。以时间为横轴，以社会功能为纵轴。假设在 t_0 时刻发生地震，社会功能损失 50%，然后逐渐恢复，至 t_1 时刻恢复到地震前的水平。这样，图中阴影部分的面积可用于衡量这次地震对社会功能造成的损失。如果社会的人居环境抵御地震的能力比较强，即健壮性较高，则地震发生时（t_0 时刻）社会功能的损失就会较小。

健壮性反映了地震发生前社会的防灾水平，丰富性则是针对震后恢复行为而言的，同时也是针对灾后资源调配而言的。如果当地社会在灾后能够迅速调集自身的防灾储备，或者获得大量的外部支援，则可以加快恢复的进程。我国汶川地震过后的恢复重建是一个典型的例子，下文还会详述。反之，如果恢复过程中可供支配的资源非常匮乏，则可能严重影响恢复的进程。这一点可以直观地表现为图 2-31（b）所示的三维曲线。这样一来，韧性有了丰富性的维度[44]。

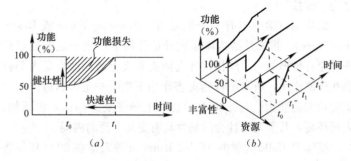

图 2-31　韧性中的健壮性、快速性和丰富性[43][44]

更进一步，还可以为韧性加上冗余性的维度。以医疗系统为例，如图 2-31（b）所示那样的三维曲线可以表示某家医院的韧性。一个地区如果有多家医院，且相互之间存在有效的联系，比如便捷的交通，则如图 2-32 所示，它们在灾后恢复中可以互为补充，互为后援，而不至于使当地丧失所有的医疗救护能力[44]。

韧性是高度发展的经济社会对地震工程界提出的新课题、新要求。避免人员伤亡是最基本的要求。直接经济损失也已不能全面概括地震对人类社会的影响，甚至已不再是震害损失的主要方面。地震造成的人类社会各方面活动的中断或削弱所造成的间接经济损失正在变得令人难以承受。人们不单单希望在

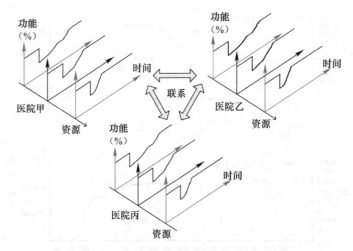

图 2-32 韧性中的冗余性（改自本书参考文献［44］插图）

地震中能够保住性命，还希望地震过后能尽快恢复正常的生活。

图 2-33 所示比较了日本在遭受以下两次破坏性地震后灾民生活恢复的情况：

（1）1995 年神户地震，M_j7.3，直下型地震，死亡 6434 人，失踪 3 人，经济损失约 10 兆日元；

（2）2004 年新潟中越地震，M_j6.8，直下型地震，死亡 68 人，经济损失约 3 兆日元。

图 2-33 中虚线是地震发生后避难人数随时间的推移，实线是地震灾区入住临时安置房的灾民户数随时间的推移。避难人数和伤亡人数大致可以反映受灾区域的脆弱性，而人们搬出临时安置房或者恢复水电气供应花费的时间则可用来衡量社会的韧性。新潟中越地震与神户地震相隔近 10 年。这 10 年间，日本对建筑抗震规范作了重大修订，采用新技术对既有建筑进行了较为彻底的抗震加固。这些都可以成为新潟中越地震伤亡

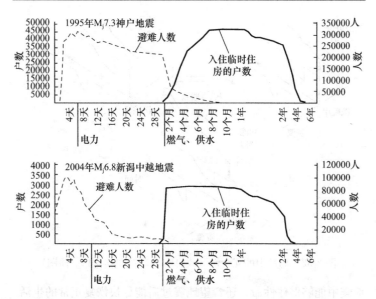

图 2-33　神户地震和新潟中越地震后灾民安置情况随时间的推移

较少的原因。换句话说，日本社会人居环境的健壮性在这 10 年间显著提高了。但另一方面，这种健壮性的提升具有片面性。1995 年神户地震过后，6 天恢复电力供应，两个月后恢复自来水和天然气供应，灾民全部离开临时安置房花了近 5 年时间。与之相比，2004 年新潟中越地震造成的人员伤亡仅约为神户地震的 1/100，但也使 8000 余灾民在地震过后 1 年之中仍住在临时安置房里，地震过后约四年临时安置房才完成自己的使命。这并不比神户地震快多少。此外，新潟中越地震后约 12 天才恢复电力供应，两个月后恢复供气和供水，与神户地震的情况相似。可见，这 10 年间日本社会的韧性并没有显著提高。较低的脆弱性并不意味着较高的韧性。它们描述了地震对人类社会影响的相关却不相同的两个方面。

如上文所述，资源丰富性是韧性的重要内容，这使得灾后救援与重建模式可能对社会韧性产生重要的影响。比如，我国川西、甘南和陕南地区的地震健壮性很差，但 2008 年汶川地震后这些地区表现出的韧性让全世界瞠目结舌。这与我国的社会制度和灾后采取的重建模式有很大的关系。第 3 章对汶川地震灾后恢复重建有更加详细的介绍。

安居方能乐业。居民住房总是灾后重建中最关键的因素。UC Berkeley 的 Mary C. Comerio 教授从政府决策和个人选择两个方面，比较了世界上不同国家在近年来几次自然灾害后的表现，并总结如图 2-34 所示[45]。中国在 2008 年汶川大地震灾后恢复重建中的惊人表现和意大利在 2009 年拉奎拉地震后的表现同被列为"强政府、弱个人"的典型代表。中央和地方政府以高强度的财政投入支持灾区的迅速重建，个人意愿则在这个过程中被较大程度地牺牲掉了。意大利中央政府在拉奎拉地震后的执行力也令人印象深刻。

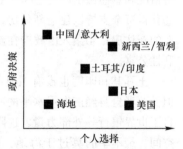

图 2-34　不同国家灾后重建中政府决策与个人选择的关系[45]

震后六个月之内便在中央政府的支持下建成了能够容纳 15000 人居住的隔震建筑[46]。

与中国和意大利的表现相对的，是美国在 2005 年卡特里娜飓风后和日本在 2011 年东北地震后的表现。两国政府在这两次自然灾害后发挥的作用都相对非常有限。灾后重建主要依靠保险等商业行为以及地区自治体自身的努力。在卡特里娜飓风过去七年之后的 2012 年，新奥尔良市的居民住宅数量仍仅为飓风之前的 3/4。

新西兰在 2010 年 Christchurch 地震序列后的表现和智利在 2010 年地震后的表现则在政府决策和个人选择之间取得了较好的平衡。一方面中央政府为灾区重建提供强大的财政支持；另一方面也给灾民提供多种选择，最大限度地尊重灾民的意愿。以智利为例，2010 年 2 月 27 日发生的 M8.8 级近海地震使智利长达 630km 的海岸线区域内的人口受到影响，占全国总人口的 75%～80%。地震发生数月之后，智利政府便启动了国家重建计划。在住房重建这一部分，符合条件的灾民可根据自身的经济情况和意愿做出以下选择：①获得资金支持以修复现有住房；②获得资金支持以建造新住房；③搬入由政府在自有土地上建造的新住房；④搬入由政府在新场地上建造的住房；⑤搬进福利性公寓。

土耳其和印度也没有明显的政府强势或个人强势的倾向，但受两者自身经济发展水平的制约，其灾后重建资金较多地来自于世界银行等外部力量。这限制了其政府决策或个人选择的空间。最不幸的莫过于海地。这个贫穷而孱弱的国家完全被 2010 年的 M7.0 级地震所击垮，超过 25 万人在地震中丧生。其震后救援与重建主要依靠来自世界各地的非政府组织的援助。海地政府或个人在这个过程中能够发挥的作用都非常有限。

灾后重建中资源的丰富性固然重要，在上面的讨论中，灾后救援与重建俨然成了韧性的重要部分。但这是我们所追求的韧性吗？

社会受灾后的救援与重建好比人受伤后的医疗救助。如果机体自身的治愈力较弱，医疗救助当然非常重要。但对于像金刚狼那样具有超强治愈力的机体，医疗救助便不再重要。在上述讨论中不得不将灾区社会活动的恢复归结于灾后重建的努力，正说明当今人类社会仍不具有足够的恢复力来抵御地震等自然灾害的袭击。依靠救援与重建的恢复是缓慢、被动而耗资巨大的。我们所追求的韧性，是像金刚狼那样迅速而主动的恢复。这更多地依赖于我们的人居环境抵御自然灾害的能力。正是在这个意义上，对韧性的追求为地震工程的发展提出了新的挑战。

建筑损伤控制

　　具体到建筑结构这个狭窄的领域，对韧性的追求主要体现在控制建筑结构在地震中的损伤。这种控制可以从"减幅"与"易修"等两个方面来阐述。建筑结构及其内部物品的损伤在很大程度上取决于建筑物在地震作用下的动力反应幅值。比如结构构件的损伤主要取决于结构的最大变形；许多非结构部件的损伤也是如此。建筑物内部的设备、物品的损伤，如电器从桌上坠落、书架或衣柜倾倒等，则主要与楼面的最大加速度有关。只要减小这些地震反应幅值便可以有效控制建筑的地震损伤。上文介绍的隔震建筑、减震建筑等新技术都以此为目标，这里不再赘述。

　　除了"减幅"之外，如果不能完全杜绝建筑损伤，便存在震后修复的问题。建筑遭受损伤后是否易于修复，也对韧性有重要的影响。通过适当的固定措施，可以有效地避免室内家具与物品的地震损伤。比如在地震多发的日本，将衣柜、书架等家具与墙壁或顶板牢牢固定在一起，是重要的防灾常识。在平时就准备好用于更换的零配件也有助于建筑设备震损后的快速修复，即所谓"有备无患"。我国川西民居木屋架正脊往往以多层瓦片堆码而成，中央接头处堆砌台水，如图2-35所示。这种看似随意的做法，实际起到了储备瓦片的作用，亦即提高了在

图 2-35　我国川西民居木屋架的正脊及其中央的台水

修复屋面这件事上的丰富性——当屋面瓦片滑落需要修补时可以迅速找到材料。

对于建筑结构本身而言，上文图 2-14 介绍的减震结构的一个非常重要的思想是将损伤集中于专门的消能减震装置，而这些装置要尽可能便于震后检修或更换。这也是防屈曲支撑等消能减震装置多采用螺栓连接而非焊接连接的重要考虑之一。上文介绍的东京工业大学 G3 教学楼的抗震加固也充分考虑了这一点。为便于拆卸，摇摆墙与既有混凝土柱之间设置的钢阻尼器特意采用了两套锚栓，如图 2-36 所示。在既有侧和新建侧，均首先通过一组锚栓将一块钢垫板与混凝土构件相连；再通过一组螺栓将钢阻尼器与钢垫板相连。如果阻尼器在地震作用下受损严重，震后只需松动第二组螺栓（图中深色且较短的螺栓），即可方便地将钢阻尼器拆下并更换

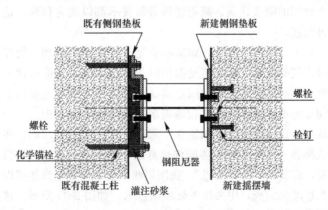

图 2-36　东京工业大学 G3 教学楼摇摆墙加固项目钢阻尼器连接设计

新的阻尼器。

在探讨建筑结构的可修复性时，仅仅关注地震反应幅值是不够的，地震过后结构的残余变形也是重要的地震反应指标。残余变形的大小固然与最大变形有关，因此"减幅"也是控制残余变形的有效手段，但另一方面，也可以通过改变结构体系本身的滞回行为，在结构地震反应最大值相同的情况下显著减小甚至消除结构的残余变形，实现"易修"的目标。具体地说，是将图 2-37（a）所示的普通结构的较为饱满的滞回行为改变为图 2-37（b）中的"旗形"滞回。如何实现呢？将预应力技术与消能减震装置相结合而演化出的多种多样的"自复位技术"可以解决这一问题。上文介绍的摇摆木屋便具有这一特点。美国斯坦福大学的 Gregory G. Deierlein 教授研究的一种摇摆钢支撑框架也是这方面的典型代表。

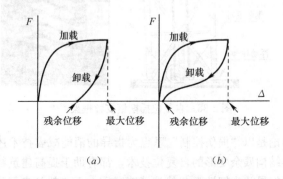

图 2-37　普通结构与自复位结构体系的滞回行为
(a) 普通结构；(b) 自复位结构

Deierlein 教授设计的自复位摇摆结构体系由钢支撑框架、竖向后张预应力钢索以及便于更换的钢阻尼器组成（如图 2-38 所示）。与普通钢支撑框架不同，该摇摆体系中的钢支撑框架的柱脚可以与地面分离而发生上下浮动，从而在地震水平作用下出现一侧柱脚抬起的摇摆现象。这一机制可以有效地降低上部结构的地震作用。同时，预应力钢索上端与钢支撑框架顶部相连，下端固定在底部基础中，将钢支撑框架与基础"拽"在一起。钢支撑框架和预应力钢索在强震下均保持弹性，仅由钢阻尼器屈服耗能，地震过后钢支撑框架可在预应力钢索的弹性力作用下恢复原位。这一预期的地震损伤机制在第 1 章介绍的目前世界最大的振动台——E-Defense 上通过足尺模型试验得到了验证[47]。

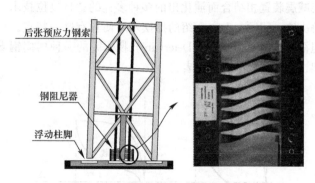

图 2-38　自复位摇摆钢支撑框架[47]

　　不论是以"损伤控制"思想为指导的消能减震技术还是能够减小结构残余变形的自复位技术，都有助于提高建筑物的韧性。但如果认为韧性无非就是消能减震，无非就是自复位，则未免抓了芝麻，丢了西瓜。这种舍本逐末的做法离我们并不遥远。数十年前，"基于性能的地震工程"的概念漂越太平洋传入我国，并被炒得火热。时至今日，却几乎已被简单地等同为推覆分析、能力谱法等具体而微的技术。大有"中学为体，西学为用"的遗风。

如同人体的骨骼与肌肉，建筑结构仅仅是建筑的骨架。现代建筑功能的实现，还依赖于建筑物中非结构的部分。这些非结构部件可大致分为以下三类：

（1）建筑构件：如隔墙、顶板、门、窗、照明、装修等用以塑造建筑空间却在结构设计中不予考虑的构件。它们是实现原始的建筑功能所不可缺少的部分，有些还可能对建筑结构的性能产生影响，比如隔墙。

（2）功能设施：如电气管线、给排水、暖通、喷淋、电梯等安装于结构构件或建筑构件上，与建筑物融为一体的设备系统。它们往往为建筑量身订制，是实现基本的现代化建筑功能所不可缺少的部分。

（3）独立设备：如计算机、家用电器、家具、通信设备、医疗设备等建筑物内独立安装，便于移动的设备。它们布置灵活，不必随建筑同生同灭，却是实现建筑功能的重要支撑，特别是对于一些有特殊功能的设施，如应急指挥中心、医院、消防队等。

这些非结构部件依附于建筑结构之上，它们在地震中的反应与损伤也直接取决于结构的地震动力反应，但它们具有与建筑结构完全不同的力学特性、损伤特征和组织方式。以功能设施为例，不但各个系统本身是由诸多设备和管线连接而成的分布式网络，而且不同系统之间还存在一定的相互依存的关系。图 2-39 大致梳理了在一座现代化建筑中常见的几个功能设施系统其及相互关系。可见，供电系统在现代建筑中举足轻重。若失去电力供应，建筑的供水、燃气、消防、通信甚至内部交通都将受到影响。相比之下，普通单体建筑内部的通信系统相对独立，仅需获取电力即可正常工作，也不需要为其他系统提供支持。但随着建筑功能日趋信息化、智能化，通信系统将担负起控制、调度其他系统的任务，从而变得异常重要。

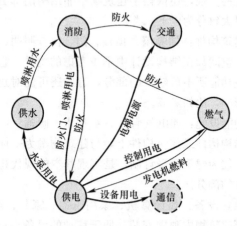

图 2-39 建筑功能设施系统及其相互关系

既然这些非结构部件都与建筑功能息息相关，则必然影响建筑的韧性。为了提高建筑的韧性，仅仅控制建筑结构的损伤是远远不够的，更需要控制的是建筑中非结构部分的损伤。然而一个现实的困难是，在目前分工细密的建筑生产体系中，没有一个角色堪此重任。建筑师虽然关心建筑构件，却不在意它们的地震损伤与破坏；暖通、给排水、机电工程师虽然关心设备的工作性能，却少有防灾减灾的意识；结构工程师出于结构安全的考虑不得不认真计算包括意外荷载在内的各种荷载作用，却仅限于结构构件，而不屑于在各类非结构部件上花费功夫，即使屑于，也往往因为"隔行如隔山"而无从下手。更糟的是，各专业之间的协作僵硬而低效。

在制度层面上，日本独有的建筑综合承包商（General Contractor）模式不失为整合建筑生产环节与专业协作的可行之路。

102

清水建设、鹿岛建设、竹中工务店、大成建设和大林组是日本最负盛名的五大建筑企业。它们不是设计院，不是施工单位，也不是研究机构，它们有一个共同的名字——综合承包商。顾名思义，它们承担建筑规划、设计、施工、保养、管理、维修等各方面的工作，它们的服务几乎囊括一座建筑从生到死的全过程。面对如今异常复杂的建筑系统，由一位大师精通各个专业的时代恐怕一去难返了，但由一家企业全面负责建筑的生死，并非梦想。这促使企业在规划、建造之初便在建筑全生命周期的高度上全面审视韧性的问题。

在技术层面上，正在掀起建筑业变革的建筑信息模型（Building Information Model，BIM）技术值得期待。它利用信息技术为建筑生产过程中的各个专业提供了统一的可视化平台，有助于各专业开展更加平滑而深入的协作。

焉能独善其身

更大的挑战还在于建筑之外。真正的韧性是指恢复社会正常活动的能力。这已超出了建筑本身的范畴。单体建筑无法自给自足，它生长于城市工程系统之上。

比如，说到人体的治愈力，应该很容易想到只有鼻子或者眼睛是谈不上什么治愈力的，它们的治愈力的前提是整个有机体的治愈力。即使鼻子能够独善其身，神经系统坏掉了鼻子还是闻不到味儿。社会的韧性也是如此。建筑物仅仅是城市或更大范围的人居环境的组成部分之一。城市功能的恢复是以社会功能的恢复为基础的，而城市的韧性又直接影响社会功能的恢复；单体建筑的恢复是以城市功能的恢复为基础的，而建筑的韧性又直接影响城市功能的恢复。

图 2-40（a）所示的照片是 2008 年汶川地震之后在北川拍

摄的。那里有些街道两旁的房屋并没有太严重的损坏，但却空
无一人。一来人们不敢住，二来根本住不成。没水没电没超市，
怎么住？图 2-40（b）所示是 2011 年日本东北地震过后三个月
在日本宫城县拍摄的。许多海边的房屋并没有被海啸摧毁甚至
完好无损，却空无一人。没有基础设施的支持，建筑功能是无
法实现的。

(a)　　　　　　　　　　　(b)

图 2-40　大地震后基本完好却无法使用的建筑
(a) 汶川地震后北川县城一栋基本完好的楼房；
(b) 东日本地震后宫城县海边一座基本完好的住宅

　　城市，人类最伟大的工程作品，不仅仅由成千上万栋建筑
构成，还包括错综复杂且规模庞大的基础设施系统。这些基础
设施中的很大一部分关乎城市居民的生活、健康与福利，因此
也被称为"生命线系统"。可以将一栋建筑理解为一座缩小而微
的城市——建筑结构提供其骨架，管网设备则是建筑的"生命
线"。但与建筑相比，城市的生命线系统更加庞大且分散于一个
非常广阔的空间，不同系统之间相互交织，错综复杂。图 2-41
大致梳理了城市中主要的生命线系统的相互关系[48]。与图 2-39

相比，其复杂程度一目了然。供电，仍然是这个庞大而复杂的生命线系统中的核心。它为其他五大系统提供支撑，同时也依赖于其他五大系统。通信，这个在单体建筑中相对独立的系统，在城市中却变得格外重要。一方面，城市尺度上的通信系统本身变得庞大而复杂，它不单需要供电系统的支持，还需要供水、炼油，甚至燃气系统的支持；另一方面，其他生命线系统同样在城市尺度上变得庞大而复杂，它们的调度、管理与控制越来越多地依赖于信息技术——通信系统变得不可或缺。

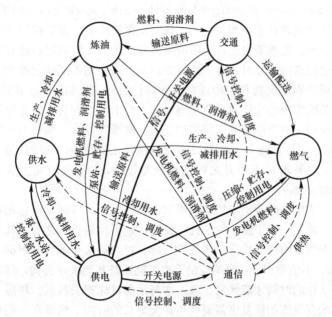

图 2-41　城市主要生命线系统及其相互关系[48]

在基于性能的地震工程框架内，韧性为人居环境的防灾性能提出了一个新的问题——地震过后多久我们的生活能够恢复正常？为了回答这个简洁却不简单的问题，地震工程不得不跨越建筑的边界，扩展到城镇乃至更广大的地区；不得不跨越结构工程专业的边界，把建筑行业中的水、暖、电等各个专业整合起来；甚至不得不跨越自然科学的边界，而需要更多地涉及社会、经济和金融等众多社会科学领域。

对于单体建筑结构，我们有类似于"小震不坏、中震可修、大震不倒"这样的结构抗震性能目标，但对于城镇的韧性，还很难给出这样明确的目标。美国旧金山规划与城市研究协会（San Francisco Planning＋Urban Research Association，SPUR）在这方面走在了世界的前面。SPUR 在其政策报告中描绘了旧金山市在遭遇圣安德鲁斯断裂带上发生的 7.2 级地震后建筑与基础设施的恢复时间表（见表 2-1）[49]。表中用不同的灰度表示不同类别建筑物和生命线系统的韧性目标。比如，对于医院、应急响应中心这样的应急关键设施，要求在地震后能够立即正常使用；对于应急响应所需的交通、避难等设施，则要求在第 1 阶段，即地震发生后 72 小时之内恢复正常功能；对于其他设施，则要求在 4 个月之内基本恢复正常，3 年之内完全恢复正常。

表中同时给出了估算的当前的韧性水平。与韧性目标相对比，差距一目了然。除了机场设施达到了预期目标之外，其他各个系统的恢复均落后于预期目标。特别是医疗系统，根据表 2-1，不论是用于应急响应的重点医院还是其他医疗机构，都需要 3 年的时间才能恢复正常，这与预期目标相去甚远。住房及其配套设施的恢复也需要 3 年甚至更长的时间，然而在预期目标中，震后 24 小时之内 95% 的住房应能够正常使用，震后 4 个月之内全部住房应恢复正常。现实与理想的差距是巨大的。认识到差距便是迈出了缩小差距的第一步。

旧金山市遭遇 7.2 级地震后建筑与基础设施的韧性目标[49]

表 2-1

	地震发生	第1阶段（小时）			第2阶段（天）		第3阶段（月）		
		4	24	72	30	60	4	36	36+
应急关键设施及其配套设施									
医院								•	
警察局、消防队				•					
应急响应中心									
配套设施							•		
应急道路、港口				•					
应急轨道交通（CalTrain）					•				
应急响应机场				•					
临时住房及其配套设施									
95%住宅可用								•	
应急安置住房				•					
公共避难场							•		
90%的配套设施									
90%的道路、港口与公共变通							•		
90%的城铁与湾区快轨						•			
住房与社区基础设施									
城市主要公共服务设施							•		
学校							•		
医疗机构								•	
90%的社区零售服务									•
95%的设施								•	
90%的道路与高速公路						•			
90%的公共交通						•			

续表

	地震发生	第1阶段（小时）			第2阶段（天）		第3阶段（月）		
		4	24	72	30	60	4	36	36+
90%的铁路							•		
商业机场					•				
95%的公共交通							•		
社区恢复									
所有住宅修复或重建									•
95%的社区零售服务								•	
50%的办公楼与工厂									•
非应急城市服务设施								•	
所有企业恢复									•
100%的设施									•
100%的道路与高速公路									•
100%的出行									•

性能指标	建筑物	生命线基础设施	
	A 类：安全，可正常使用		• 目前的性能水平
	B 类：安全，可边修边用	4 小时内恢复	
	C 类：安全，需要一定维修	4 个月内恢复	

3 走近地震——从汶川到芦山

从跪着的城镇到站立的废墟

据民政部 2008 年 9 月 25 日统计，北京时间 2008 年 5 月 12 日（星期一）14 时 28 分发生的汶川大地震造成 69227 人死亡，17923 人失踪，274643 人受伤[50]，是我国建国以来继 1976 年唐山地震后第二次遇难人数过万的特大地震。据中国地震局测定，汶川地震震级达 $M_s8.0$，是我国建国以来遭遇的最强烈的地震。

严重的地质灾害无疑是汶川地震伤亡惨重的重要因素，但罪魁祸首仍是房屋建筑的大量倒塌。在 2008 年于北京召开的"汶川地震建筑震害研讨会"上，重庆大学的李英民教授曾说："北川的建筑远看还挺好，但走近一看才发现全都是'跪'着的。"正是这样"跪着的城镇"，夺走了无数同胞的生命。

走进北川，走进这座跪着的城镇（如图 3-1 所示）。

临街建筑大多采用底框砖混结构，即结构底层为现浇钢筋混凝土框架结构，上部楼层则采用带有构造柱和圈梁的约束砌体结构。这两种结构形式都具有较强的变形能力。但是，变形能力之于承载力不足的建筑结构，犹如女子防身术之于气单力薄的女孩，并不能自我拯救。对于损伤机制不明确的结构，片面强调变形能力甚至是非常危险的。比如，当底部楼层变形过大，结构重心移出了它的支撑区域，再大的变形能力也无济于

图 3-1　汶川地震后的北川县城——"跪着的城镇"

事，摔跟头是免不了的。置身于这样一座跪着的城镇，是时候反思一下提倡了多年的延性设计了。上文第 2 章开篇就提到过，结构构件的延性直接意味着损伤。自从地震工程界的前辈们发现延性对于结构抗震的巨大作用并加以提倡以来，晚辈们似乎有一种把延性的抗震作用无限放大的倾向。梁要有延性，柱要有延性，甚至希望墙也要有延性。但与半个世纪前 Tom Paulay 教授等先驱者们提出"能力设计法"时有所不同的是，更为重要的对结构损伤机制与变形模式的设计与控制已逐渐被淡忘。

对结构损伤机制的控制，说白了就是能坏的地方可以坏，坏了以后最好有足够的延性；不能坏的地方坚决不坏，一旦坏了再大的延性也没用。在地震作用下，建筑结构的竖向承重构件往往是这样一些坚决不能坏的构件，柱脚或者墙脚尚可以作为例外而允许发生一定的塑性转动，但其他部位不能再坏了，一旦坏了结构就要倒塌了，延性再好也无力回天。

不幸的是，当人们从力学的概念出发，在抗震设计中允许柱脚或墙脚发生塑性转动时，我们得到的震害却远不止于预期的有限转动，而是整个楼层的倒塌——或是汶川地震中大量出现的底层倒塌，或是如 1995 年日本神户地震中大量出现的中间层倒塌。图 3-1 所示的震害具有一个共性：底层倒塌的结构，即"跪着的结构"，其上部楼层的震害相对较轻。这样的结构就像图 3-2（a）所示，底层已经大汗淋漓坚持不住了，上部楼层却在睡大觉。即，建筑结构的某些局部楼层出乎意料地吸引了大部分，或者几乎全部的震害，而成为所谓的薄弱层。如何消除薄弱层，或者如何利用薄弱层以达到保护生命财产安全的目标，成为结构抗震设计的一个重要课题。其重要性可与 1976 年唐山地震之后提高砌体结构整体性的问题相提并论。

上文"损伤机制控制"一节介绍的摇摆墙—框架结构体系

是消除薄弱层的精彩案例。摇摆墙使各个楼层都出一些力，共同抵抗地震作用（如图 3-2*b* 所示）。上文介绍的隔震建筑则是利用薄弱层的成功典范。

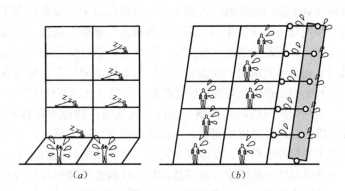

图 3-2　建筑结构中各个楼层的协同工作
（改自本书参考文献 [51] 插图）

　　汶川地震后曾有专家大胆预测，成都平原二百年内再无大震。成都平原好像确实尚没有大震，但在汶川地震仅仅五年之后，北京时间 2013 年 4 月 20 日（星期六）8 点 02 分发生在成都平原边缘的 M_s7.0 级芦山地震再次夺走了 196 位同胞的生命。与汶川地震相比，芦山地震的建筑震害轻很多。这一点从两次地震后划定的地震烈度分布图可以看个大概。根据中国地震局发布的地震烈度分布图，汶川地震的最高烈度达到 XI 度。在《中国地震烈度表》中，这一烈度等级对应的宏观震害为"绝大多数房屋毁坏，地震断裂延续很大，大量山崩滑坡"[52]。与之相比，2013 年芦山地震的最高烈度仅勉强划为 IX 度（如图 3-3 所示）。

　　从影响范围来看，芦山地震所影响的区域仅是汶川地震灾区的一个很小的子集。由图 3-3 可见，芦山地震的 IX 度区和

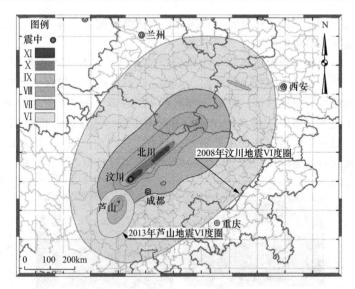

图 3-3 2008 年汶川地震和 2013 年芦山地震烈度分布图[53][54]

Ⅷ度区基本位于汶川地震的 Ⅶ 度区内。一方面，这意味着芦山地震灾区的人民大多经受了五年前汶川地震的考验，仍对地震心存恐惧，抗震防灾意识相对较强；另一方面也意味着芦山地震灾区存在较多的汶川地震后加固或新建的建筑结构。这些建筑结构的抗震性能理应更优。

在这些新建/援建建筑中，学校、医院、政府以及其他公共、文化设施大多采用钢筋混凝土延性框架结构，且符合我国《建筑抗震设计规范》GB 50011—2001（2008 版）[55] 的要求。M_s7.0 级的芦山地震并没有对这些建筑的主体结构造成什么影响，除极个别案例之外，绝大多数钢筋混凝土框架结构基本完好。但另一方面，芦山地震灾区的村镇民居仍以各种形式的砌体结构和穿斗木构架为主。许多此类房屋虽然在芦山地震中屹

113

立不倒，主体结构却已严重损坏，无法继续使用。有人给它们起了个形象的名字——"站立的废墟"。

以距离芦山地震震中十余公里的芦山县双石镇中心为例。打眼一看绝大多数房屋都屹立不倒，只有走近了才发现许多砌体结构房屋的纵墙、横墙上都有严重的裂缝。图 3-4 所示给出了这类房屋的一些典型代表。无论采用遥感还是无人机航拍，都难以识别出这些房屋的破坏。只有走到跟前，图 3-4 所示的前两栋二层砌体结构上巨大的裂缝才让人触目惊心。至于第三

图 3-4 芦山地震中芦山县双石镇严重破坏的砌体结构房屋

栋，若不亲自走进屋里，被纵、横墙上巴掌宽的裂缝吓一跳，还会以为它没有受到什么破坏呢。

相信在汶川地震灾区略远离地震断裂的地区也存在许多这样的"站立的废墟"，只不过"跪着的城镇"太具冲击力，而将这一问题淹没。恰恰是时隔五年的不大不小的芦山地震，把这个问题突出地呈现在人们眼前。

可以用如图3-5所示的曲线表示具有一定延性的建筑结构在地震侧向作用下的受力行为。随着水平荷载的增大，结构的侧向变形不断增大，当水平荷载超过结构屈服点（B点）对应的荷载时，结构进入塑性，侧向变形开始显著增大，并在一定阶段发生承载力退化，直到倒塌。

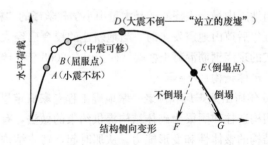

图 3-5 建筑结构的抗侧行为[56]

我国建筑抗震设防目标可总结为"小震不坏、中震可修、大震不倒"三个水准，分别对应于图3-5中的A点、C点和D点。其中"大震不倒"是关乎人命的最重要的抗震设防目标。但其塑性变形非常明显，结构损伤严重。所谓"站立的废墟"，即一方面实现了"大震不倒"的目标；但另一方面又遭受了非常严重的结构破坏，已然成为废墟，既无法继续使用也难以修复。

从"跪着的城镇"到"站立的废墟"，反映在图3-5中，就是从完全倒塌的 G 点到"大震不倒"的 D 点。这无疑是一个进步——没有倒塌就没有死亡。但考虑到芦山地震的强烈程度远不及汶川地震，这种进步是否真真正正地来自于房屋抗震性能的提高还有待商榷。

第 2 章曾提到了人类社会在地震作用下的韧性。"站立的废墟"是难以恢复的，也不是我们希望在地震过后看到的。避免出现"站立的废墟"，提高社会的韧性，是摆在我国地震工程界面前的新课题。

砌体结构

汶川地震中最令人痛心的是大量中小学教学楼的"粉碎性"倒塌。五年后芦山地震发生时，当地新建的校舍已经大多采用更加结实的现浇钢筋混凝土框架结构。但在 2008 年，绝大多数校舍仍是砌体结构。

1976 年唐山地震后我国老一辈地震工程专家痛定思痛，提出了采用构造柱和圈梁为砌体结构提供约束的做法，有效改善了砌体结构的整体性和变形能力。从那时起，砌体结构正式分为抗震性能差异极大的两类——有构造柱和圈梁的"约束砌体结构"和没有构造柱和圈梁的"非约束砌体结构"。但实际上在我国农村地区普遍存在的还有介于其间的第三类，即有一定的约束措施但约束措施不足的砌体结构，姑且称之为"伪约束砌体结构"。比较常见的比如只有圈梁而没有构造柱的砌体结构，或只在临街一面设置构造柱的砌体结构。

在汶川地震中完全倒塌的都江堰市某中学教学楼就是典型的只有圈梁而没有构造柱的伪约束砌体结构。该教学楼的教室部分是三层砌体结构，楼梯间则是钢筋混凝土框架结构。地震中，教室部分完全倒塌，楼梯间则幸免于难。该教学楼首层的结构布置大致如图 3-6 所示。汶川地震中这座教学楼整体垮塌（如图 3-7 所示）。据统计，仅该中学就有 278 名师生在汶川地震中遇难。

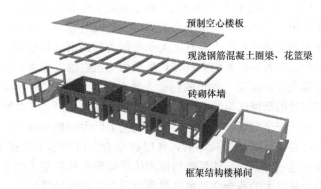

预制空心楼板

现浇钢筋混凝土圈梁、花篮梁

砖砌体墙

框架结构楼梯间

图 3-6 都江堰市某中学教学楼结构示意图

教室部分倒塌后留下的废墟

图 3-7 都江堰市某中学教学楼砌体结构倒塌后的废墟

上述教学楼砌体结构至少存在两个明显的结构缺陷：一是

没有构造柱；二是预制楼板与圈梁、花篮梁之间缺乏连接。下面两节分别讨论这两个对于砌体结构而言非常重要的问题。

构造柱和圈梁

1976年唐山地震的惨痛灾难留给地震工程界的重要经验之一是使用构造柱和圈梁来提高砌体结构的抗震能力。汶川地震后在北川县城看到许多具有强大变形能力的约束砌体结构，让我对地震工程界前辈们的真知灼见敬佩不已。难以想象，如果没有构造柱和圈梁，北川的伤亡人数会是多少。图3-8所示是北川旧址的新城区里约束砌体结构破坏的几个实例。其共同点是底层已完全倒塌，上部楼层虽然发生了巨大的侧向变形，但没有垮塌。从整体结构来看，底层的完全倒塌固然无法接受，但撇开这一点，上部楼层的约束砌体结构确实具有很大的变形能力。从巨大的残余变形可以想象地震当时结构经受的剧烈晃动，以及底层倒塌时上部楼层所受的巨大冲击。即使如此，上部楼层仍能够作为一个整体来变形，没有解体，没有发生连续性倒塌，这不能不归功于构造柱与圈梁的约束作用。从照片中可以清楚地看到位于窗上的圈梁。窗下砖墙截面大而易破碎，圈梁截面小而延性好。在较小的侧力（如风力、小震）作用下，窗下墙可以提供足够的刚度；而在强烈地震作用下，窗下墙退出工作而不至于殃及由构造柱和砌体翼墙组成的竖向承重构件，形成合理的损伤机制。在钢筋混凝土延性框架结构中难觅影踪的"强柱弱梁"的损伤机制却大量地以"强墙弱梁"的形式出现在约束砌体结构中。在这种损伤机制中，"墙"是由现浇钢筋混凝土构造柱和砖墙共同组成的竖向承重构件，"梁"则由现浇钢筋混凝土圈梁、过梁以及窗下砖墙组成，与"强墙肢弱连梁"的联肢剪力墙体系颇有几分相似。

图 3-8 汶川地震后北川县城约束砌体结构住宅的破坏实例

　　其实不论是约束砌体结构、钢筋混凝土延性框架结构还是联肢剪力墙结构，在强烈地震作用下所希望出现的损伤机制都

119

可归结为"强竖向弱水平"。在地震侧向作用下，竖向承重构件的重要性远远超过梁和楼板等水平承重构件。

令人遗憾的是，这些看似实现了"强墙弱梁"损伤机制的约束砌体结构不约而同地在结构底层发生了垮塌，成了"跪着的"结构。如果说我国地震工程界的前辈们在唐山地震后总结出的构造柱、圈梁的经验成功地提高了砌体结构的整体性和变形能力，解决了砌体结构脆性破坏的问题，那么如何有效地防止底层破坏，或者推而广之，防止结构出现薄弱层破坏等不利的损伤机制，则是汶川地震留给我们这一代地震工程人员的课题。

预制板的是非

1976年唐山地震过后，预制空心楼板得了一个恶名——"棺材板"。因为人们看到，许多人是被塌落的预制板砸死的。汶川地震后，废除预制板的呼声再次甚嚣尘上。不少专家大呼唐山悲剧重演，"棺材板"再次酿成惨剧等，并且建议在地震区严格限制甚至禁止使用预制空心板楼盖。但冷静地想一想，预制板在我国使用了这么多年，时至今日仍然在广袤的国土上，特别是广大农村地区被广泛使用，自然有它的优势。下面仅从震害现象上简析如何让预制板甩掉"棺材板"的恶名。

预制板坠落砸人的根源在于墙倒了。而砌体墙的倒掉可以归咎于许多原因，比如非约束砌体墙本身抗侧刚度大而抗侧承载力低，且基本没有延性，容易发生脆性破坏。对此，采用构造柱对砌体墙进行约束是行之有效的办法。但砌体墙的倒掉还有另一个不太受重视的原因——连接构造不到位使预制板楼盖整体性不足。楼盖整体性不足何以导致墙的倒塌？图3-9所示或许有助于说明这一点。由于一块块预制板之间缺乏连接，预制板与圈梁之间也缺乏连接，整个楼板无法有效地传递剪力，亦即无法把楼面质量的惯性力有效地传递给抵抗侧力的墙体，从而导致预制板在地震作用方向上发生错动。对于与错动方向相垂直的墙体，这相当于一个面外的推力。而薄薄的砌体墙的面外抗侧能力微乎其微，很容易被推倒。墙的倒塌反过来造成预制板的坠落，甚至可能导致整体结构的倒塌。

装配式预制板楼盖的整体性并非无药可救。事实上，只要对预制板的连接构造给予足够的重视，便可获得足够的整体性。

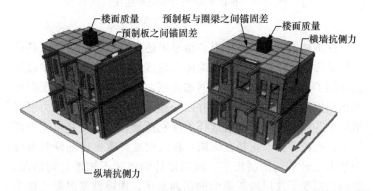

图 3-9　装配式钢筋混凝土预制板楼盖在地震作用下的错动

"胡子筋"是保证预制板端头与圈梁之间连接性能的重要构造措施。汶川地震后这一点在国内已经被不同专家多次强调。几乎所有讲到预制板问题的专家都会放一两张反映胡子筋施工质量问题的照片。比如在图 3-10（a）所示的照片中，胡子筋齐刷刷地贴在预制板端头平面上，可见施工时根本没有按正规作法将胡子筋锚固于现浇钢筋混凝土圈梁中。胡子筋有用吗？看看图 3-10（b）所示的照片就知道了。没有倒塌的结构上悬挂的一排排预制板就是靠胡子筋才能挂在那里。不幸的是，支承预制板的墙体已经完全倒塌。这起码说明预制板端头的连接锚固是可以做好的。

图 3-10 预制板端头与圈梁的连接锚固
(a) 不良的锚固；(b) 有效的锚固

　　汶川地震后不久，正当各路专家还在对预制板的存废各抒己见的时候，预制板已经在绵阳市辖区的灾后恢复重建中被完全禁用了。据当地重建办的同志介绍，在检查中如果发现有使用预制板楼盖的，当场停工并限令整改。废除预制板的力度可谓不小，预制板确实也就这样干净利落地在灾后恢复重建中消失了，死掉了。不止是在绵阳，在汶川地震重灾区的恢复重建中基本上看不到预制板了。四川以外的地区不知道是何情况，起码在遭受了汶川地震影响的川西地区，现浇钢筋混凝土楼盖已经早早地赶在专家们得出结论之前深入人心了。一方面不由地慨叹自然伟力对人的思想与行为的巨大影响；另一方面也为预制板含冤而死感到惋惜。

　　在工厂预制构件，在现场组装，是提高建筑结构施工效率，减少人工作业，保证建筑结构质量，减少建筑施工能耗的大趋势。从这个角度讲预制板是进步的。即使在抗震形势远比我国严峻的日本，装配式结构也是重要的发展方向，我们为何要如此排斥预制板呢？伴随着我国经济发展的转型，人力成本不断提高，人们的环保意识不断增强，预制装配技术的优势将越来越明显。国内诸如万科、远大等具有战略眼光的房地产企业已经开始了这方面的研发与实践。

　　更为遗憾的是，预制板似乎成为更加重要的元凶——为构造柱的缺失背了黑锅。虽然地方政府在汶川地震重灾区灾后恢复重建的监管中也有关于在砌体结构中设置构造柱的相关规定，比如若不设置构造柱则不予拨款等，但在更广大的地区，预制板跌落砸人造成的强烈冲击转移了人们对构造柱的关注。这一隐患在时隔五年的芦山地震灾区生动地表现了出来。在芦山地震灾区调查过程中发现，当地许多村民虽然知道构造柱好，但在经济条件有限的情况下宁愿在现浇钢筋混凝土楼盖中使用大量钢筋，而不愿为构造柱花钱。图 3-11 所示的雅安市宝兴县灵关镇大渔村某在建的单层砌体结构在芦山地震中严重破坏，横墙和纵墙均出现非常明显的开裂，好在地震发生时尚未拆除临时支撑，结构没有倒塌。若埋怨房主盖房子舍不得花钱，舍不得放钢筋，房主反而满脸委屈："放钢筋了，放了好多钢筋呢"！

(a)　　　　　　　　　(b)

图 3-11　灵关镇大渔村某在建无构造柱的砌体结构严重破坏[57]

　　"钢筋放哪儿了"？

　　"全放楼板里了，这么粗的钢筋"！

　　出于对预制板的恐惧，现浇钢筋混凝土楼盖的重要性在村民心中被无限放大，而对于砌体结构抗震性能更为重要的构造柱反而成了可有可无之物。

穿斗式木构架

我国传统木结构房屋可基本分为"抬梁式"和"穿斗式"两种。抬梁式木构架多用于宫殿庙宇和北方民居,是我国传统木结构的主流。穿斗式木构架则以其轻巧而简洁的结构布置成为我国南方木结构民居的主要形式。芦山地震灾区的川西山区便大量存在这种类型的结构。

穿斗式木构架的特点可总结为"穿枋过柱,斗成房架",即以贯穿柱截面的穿枋将横向柱(包括内柱、檐柱和瓜柱❶)连接成一排架子,檩子直接支承于柱头,而不用梁。川西地区的穿斗式木构架民居多采用隔柱落地的形式,即内柱与瓜柱间隔布置,形成"三柱两墩"或"五柱三墩"的格局。在内柱外侧往往各布置一根檐柱,如图 3-12(a)所示。在结构纵向,采用斗枋和纤子将各榀横向木构架连接在一起。在纤子上皮直接铺设木楼板,形成第二层空间,如图 3-12(b)所示。围护墙也是穿斗式木构架民居的重要组成部分。建房时先立木构架,再建填充墙。

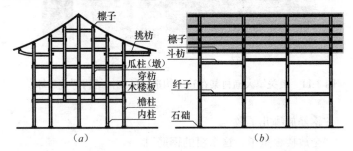

图 3-12 典型的川西民居"三柱两墩"穿斗式木构架示意图

❶ 瓜柱即不落地柱,当地又俗称"墩"。

2013 年芦山地震中，穿斗式木构架民居的震害可分为木构架本身的震害和填充墙的震害两部分。木构架本身的震害以柱脚滑移、榫头脱出和木构架纵向整体倾斜等为主，在芦山地震中木构架震害中仍属少数。而最主要的震害表现为砌体填充墙的开裂与倒塌。

(a)   (b)

图 3-13　不同烈度区木构架部分砌体填充墙倒塌

芦山地震灾区年代较为久远的传统木构架房屋往往以木板墙作为隔墙和围护墙。这种墙体与木构架之间连接可靠，自身变形能力大，往往破坏非常轻微甚至没有可见的损伤。与之相比，年代较近的木构架房屋则大量采用 120mm 甚至 60mm 厚的砖墙作为填充墙，其变形能力小，侧向易失稳，很容易倒塌（如图 3-13 所示）。砖墙与木构架之间连接锚固困难也是砖墙易倒的原因之一。当地常见的连接方法如图 3-14 所示，即将钉在木柱中的钉子埋置于砖墙的砂浆层中，为砖墙提供拉结。在很多情况下连如此简易的拉结措施都没有。

作为围护墙和隔墙，穿斗式木构架中砖墙的倒塌必然影响房屋的正常使用，甚至可能造成人员伤亡。但从建筑结构的角度来讲，穿斗式木构架房屋中的砖墙是否能够像钢筋混凝土框架或钢框架中的填充墙那样划为非结构构件呢？要回答这个问题首先要对穿斗式木构架房屋的结构体系加以分析。

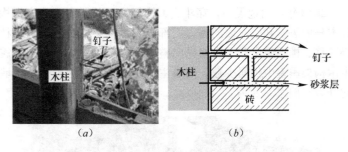

图 3-14 砖墙与木柱的简易拉结

　　穿斗式木构架本身承受了整个房屋绝大部分甚至全部的竖向荷载，而砌体填充墙基本不承受竖向荷载。另一方面，川西地区年代较近的穿斗式木构架具有浮搁柱脚且不设地脚枋、榫卯节点多为直榫且不做紧固等特点。以纵向木构架为例，可将其简化为如图 3-15 所示的由弹性杆和端部弹簧组成的力学模型[58]。其中，浮搁的柱脚可近似为铰支座，支座与地面之间存在水平摩擦作用。纤子与柱通过直榫节点相连。这种连接节点在受弯时会有一个较明显的滑移段，即在一定变形内抗弯刚度很小。这样一来，当结构侧向变形较小，榫卯节点仍处于滑移段时，图 3-15 所示的纵向木构架整体的侧向刚度很小，在多遇地震或强风作用下即可能发生较大的侧向位移，影响结构的正常使用。正因为这样，在搭建了穿斗式木架构而尚未填充砖墙之前，需要在木架构四周用结实的木材将其撑住，以防发生过大的侧向位移。

　　从这个意义上说，穿斗式木构架虽然可以有效承重，但并非有效的抗侧力体系。这与含砌体填充墙的钢筋混凝土框架或钢框架结构有本质的区别。后者本身不但承担全部竖向荷载，而且是主要的抗侧力体系，可有效地抵抗从多遇地震、强风至罕遇地震等不同等级的侧向作用。

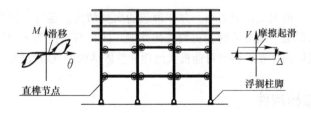

图 3-15　穿斗式木构架纵向结构的力学分析简化模型

　　相比之下，带砖墙的穿斗式木构架与钢支撑框架更加相似。在钢支撑框架中，钢框架承担全部竖向荷载，但抗侧刚度较小，难以满足多遇地震等侧向作用下的侧向位移限值要求；钢支撑则不承担任何竖向荷载，仅为结构提供抗侧刚度和承载力，是必不可少的结构构件。带砖墙的穿斗式木构架也是这样的双重结构体系。它由承重的木构架和抗侧的砖墙两部分并联而成，如图 3-16 所示。由于砌体填充墙对于控制整体结构在正常使用状态下的侧向位移有必不可少的作用，宜将其作为结构构件看待。但与砌体结构不同，这里的砌体填充墙不承受竖向荷载，砌体墙的倒塌不会立即导致整体结构倒塌。因此砌体填充墙在整体结构中属于"次要结构"。与之相对，木构架则为"主体结构"。这种结构体系是不是与上文图 2-14 中介绍的减震结构体系有几分相似呢？

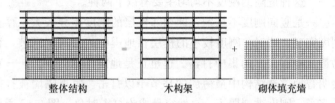

图 3-16　带砌体填充墙的穿斗式木构架的抗侧力体系

　　但与减震结构不同，砖墙与主体结构连接差、平面外性能差、平面内变形能力小，并非理想的次要结构。通过改善穿斗式木构架中填充墙的受力与连接性能，使其与木构架一起形成减震结构体系，将有可能极大地提升整体结构的抗震性能。

非结构构件

建筑物中，不论其是否对结构的受力行为有影响，凡是在结构设计阶段不予考虑的构件均可归为非结构构件。有些非结构构件确实对结构的受力行为没有多大影响，比如顶吊；而另一些非结构构件则完全不同。在我国钢筋混凝土延性框架结构中大量使用的砌体填充墙便是后者的典型的代表。

砌体填充墙具有很大的抗侧刚度，与主体结构紧密相连，能显著提高结构的抗侧刚度，也能在一定程度上提高结构的抗侧承载力。这些特点对于风或小震作用下的建筑结构而言无疑是有利的。但另一方面，填充墙既然是非结构构件，在抗震设计中不予考虑，且在建筑物使用过程中住户可任意更改，便具有很大的不确定性。更糟的是，这些填充墙可以显著改变整体结构的刚度分布，从而直接影响结构在强烈地震作用下的行为。住户擅自打通隔墙也是造成住宅结构刚度分布不均的重要原因之一。这种危险的刚度不均匀主要有以下两种。

一是竖向刚度不均匀，即相邻楼层的刚度差异较大，存在刚度突变。这时，刚度较小的楼层在地震中成为薄弱环节，容易遭受地震作用的集中打击。这也正是地震作用的特点——它会明智地挑选结构中最薄弱的环节予以打击。家里隔墙被打掉的多了，刚度被削弱了，自然容易成为打击对象。图 3-17 所示就是这样一个例子。总体上，这一排住宅两边都受损较轻，唯独中间这两个开间，一个开间完全倒塌，另一个开间摇摇欲坠。

倒掉了就什么也看不出来了，摇摇欲坠的才富有启示。仔细观察这残留的四层结构不难发现：最下面一层隔墙右侧开了一个较大的门洞；第二层隔墙干脆全部被打掉了，可以隐约看见里面做了花格木架子；第三层隔墙中央开了一个较大的门洞，并且阳台上有许多大立柜；第四层隐约可以看到它跟最下面一层差不多，也是在隔墙的一侧开了一个较大的门洞。

从这四层结构的整体变形模式可以看出，侧向变形在第二层发生了明显的集中，而第二层恰恰是隔墙完全被打掉的楼层。好在这几层残留的结构没有倒掉，否则，隔墙被完全打掉的第二层估计要被拍扁了。

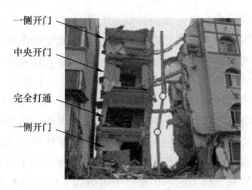

图 3-17　汶川地震中都江堰市某住宅楼震害
（照片由清华大学冯鹏教授拍摄）

　　二是水平刚度不均匀。地震作用实际上表现为一个加速度时程。根据牛顿第二定律，等效的地震力合力就作用在结构楼层平面的质量中心上，如图 3-18 所示。而结构的抵抗力来自于刚度，抵抗力的合力位于结构楼层平面的刚度中心上，如图 3-18 所示。实际结构的这两个中心通常并不重合。当两者相距较远时，结构在水平地震作用下可能发生明显的扭转。

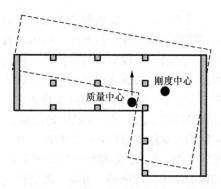

图 3-18　建筑物在地震作用下的扭转

　　抗震设计中会对这种扭转效应有所考虑，但擅自改变填充墙布置会改变结构的水平刚度分布，有可能使刚度中心与质量中心之间的距离（即偏心距）增大，从而增大地震作用下结构楼层的扭转效应。这对结构的抗震性能是极其不利的。

　　即使填充墙不对主体结构的抗震性能有明显的不利影响，填充墙本身在地震作用下的损坏也是一种损失。这种损失不仅是直接的经济损失，还会因影响建筑的正常使用而造成间接损失。如果说这一问题在伤亡惨重的汶川地震中并不突出，那么在伤亡没有那么惨重的芦山地震中则引起了广泛的关注。

　　芦山中学于2008年汶川地震后由澳门援建。各主要建筑均采用钢筋混凝土延性框架结构，围护墙和隔墙采用空心砌块填充墙。芦山地震中，这些钢筋混凝土延性框架结构均保持基本完好，但学校仍然不得不停课。地震后第四天的2013年4月24日，待各方面供应逐渐恢复之后，学校宣布复课，但复课的地点是"运动场旁边4间活动板房教室和9间帐篷教室"。教学楼主体结构基本完好，为何要在活动板房和帐篷中复课？以图3-19所示的朝乾楼为例，远远看去完好如初，但走近便会发现，砌体填充墙已经严重损坏。

图 3-19　芦山地震中芦山中学朝乾楼非结构构件破坏

　　芦山中学空心砖砌体填充墙的破坏并非个案。事实上，填充墙破坏是芦山地震中芦山地区钢筋混凝土框架结构建筑最普遍的震害。这一震害虽然没有造成什么人员伤亡，但其导致的经济损失和因建筑功能中断而给灾区人民带来的不便是显而易见的。

　　由此可见，作为非结构构件的填充墙有两个方面的抗震性能需求。首先，对于可轻易拆除或增设的填充墙，如我国常用的砌体填充墙，应通过技术手段尽量减小其对主体结构地震反应的影响；其次，应尽量提高填充墙的变形能力，避免填充墙先于主体结构发生破坏而影响建筑物的正常使用。

　　他山之石，可以攻玉。不妨看看我们饱受地震之苦的近邻——日本在这方面有什么好的做法。

　　与我国主要采用砌体填充墙不同，日本的现浇钢筋混凝土结构往往采用现浇钢筋混凝土填充墙。这些墙体虽然相对较薄，配筋也未必符合规范对钢筋混凝土抗震墙的要求，但其刚度和承载力均与抗震墙在同一量级。名为非结构构件，却是实实在在的结构构件。关于这一点，日本国内也颇有争论。

　　另一种普遍应用的建筑外墙材料是 ALC 板。ALC 是 Auto-claved Light-weight Concrete 的缩写，即加气轻骨料混凝土。其密度大约只有普通混凝土的 1/4，普通黏土砖的 1/3。用于围护墙的 ALC 板厚度往往在 100～200mm。ALC 板不但质轻，还具有保温隔热、耐火、美观等优点。我国一些发达地区已经引进了这项技术，但应用还不甚广泛。图 3-20 所示是在 E-Defense 完成的一个足尺四层钢框架结构试验中采用的 ALC 板外墙及其施工情况。一块 ALC 板大约重 50kg。一两名工人即可搬运，无需机械辅助。

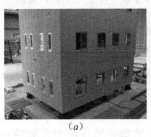

(a) (b)

图 3-20　在 E-Defense 完成的足尺钢结构框架
试验中采用的 ALC 板外墙

　　作为一种采用干法组装的预制板材，ALC 板可为非结构墙体的抗震构造提供更多的设计余地。近十年来，"纵板摇摆连接"逐渐成为日本 ALC 板填充墙的主流连接构造形式。图 3-20 所示的 ALC 板便采用了这种形式的连接构造。

　　所谓摇摆连接，是指每块 ALC 板均通过上下两个铰节点与主体结构相连，ALC 板与主体结构之间留有一定的间隙。当框架结构在地震作用下发生侧向变形时，ALC 板可以在一定范围内自如转动而不至损坏。由日本建筑研究所（BRI）主编的《ALC 板结构设计指南》要求用于建筑填充墙的 ALC 板在主体结构发生 1/150 的层间位移角时不会开裂或脱落[59]。这仅仅是最低要求。采用纵板摇摆连接时，填充墙 ALC 板一般能承受 1/100 的层间位移角而不发生损伤。对于钢筋混凝土延性框架结构，1/100 的层间位移角通常意味着框架梁钢筋屈服、节点区开裂等中等程度的损伤。

　　图 3-21 所示给出了日本一种用于钢筋混凝土结构的 ALC 板外墙"纵板摇摆连接"的构造细节。ALC 板之间相互紧靠，

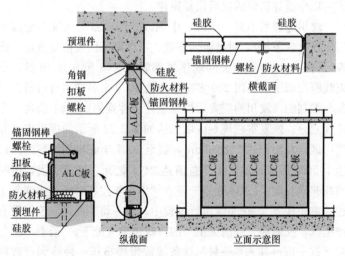

图 3-21　ALC 板外墙的"纵板摇摆连接"构造形式——
旭化成建材 HRC 工法（根据本书参考文献［60］绘制）

接口用硅胶密封。ALC板与钢筋混凝土框架之间留有2cm宽的缝隙。缝隙内填充防火材料，并同样在室外一侧用硅胶密封。每块ALC板通过上下两颗螺栓固定。螺栓通过扣板与固定在钢筋混凝土梁表面的角钢相连。ALC板与柱之间仅填充防火材料并用硅胶密封，不作连接。

灾后重建的中国速度

尽管我国是一个地震多发的国家，但从1976年唐山地震到2008年汶川地震的32年间，我国大陆地区的人口密集地区没有遭受过破坏性地震的袭击，在震后救援与恢复重建方面也缺少实战经验。正是在这样的背景下，汶川地震后我国政府领导了一场令世界震惊的灾后恢复重建。

汶川地震后不到一个月，中国政府即颁布了《汶川地震灾后恢复重建条例》，对过渡性安置、灾区调研以及恢复重建的政策、资金、法律等相关问题作了部署。2008年9月19日，中央政府发布了由全国200多家单位的4000余名技术与科研人员参与编制的《汶川地震灾后恢复重建总体规划》（以下简称《总体规划》）。恢复重建规划区域包括如图3-22所示的极重灾区和重灾区，总面积达132696km²，截至2007年底规划区域内人口达1986.7万人，地区生产总值达2418亿元，规模宏大，但时间却非常有限。《总体规划》要求"用三年左右时间完成恢复重建的主要任务"。在实际执行过程中，这一苛刻的期限不但没有被拖延，反而在"提前完工"的行政逻辑支配下，"沿着'国务院—省—市—县—乡—村'这条线被慢慢挤压，最终到行政村这一级时，重建期间只剩1.5年，甚至1年[61]。"与如此行政效率形成鲜明对比的是智利政府在2010年M8.8级地震后的表现。当地居民用这样的比喻表达自己的无奈与愤怒："重建就像上帝。大家都知道它存在，可谁也没有见过它[45]。"

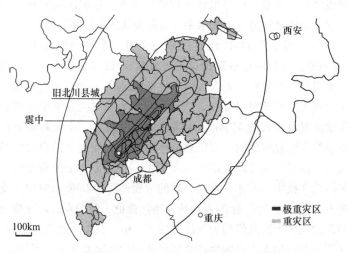

图 3-22 《总体规划》恢复重建区域

2010 年春节之前，汶川地震过后不到两年，四川重灾区和极重灾区的农村住宅恢复重建全部完成。2010 年 5 月地震两周年之际，城镇住宅的重建也基本完成[62]。至此，临时安置板房完成了自己的使命，中国政府成功地用两年时间完成了 M_s8.0 级汶川地震灾民住房的恢复重建。相比之下，如第 2 章所述，1995 年 M_j7.3 级神户地震后用了五年时间才使灾民全部搬出临时安置住房，2004 年 M_j6.8 级新潟中越地震后灾民住房的恢复重建也花了四年时间。

何以如此之快？"对口支援"是一大法宝。这也充分地体现了"集中力量办大事"的社会主义优越性。四川省 2007 年的地区生产总值为 10505.3 亿元，而 2008 年汶川地震中四川省的直

接经济损失高达 7715.8 亿元，占前一年该省地区生产总值的
73.5％。间接经济损失更是难以估量。单靠四川省自己的力量，
别说两年，就是十年恐怕也难以恢复元气，更何况恢复重建不
仅仅是要恢复到地震前的水平，而是要实现跨越式发展。

　　2008 年 6 月 11 日地震过后一个月，中央政府即颁布了
《汶川地震灾后恢复重建对口支援方案》。该方案按照"一省帮
一重灾县"的原则，要求我国东中部地区的 20 个省市对极重灾
区和重灾区实施对口支援。资金方面，要求支援方至少连续三
年拿出财政收入的 1％用于受援方的恢复重建。由此筹集到的
资金约占恢复重建的 1 万亿总资金的 10％。资金上的直接支持
其实只是对口支援政策的不太重要的一个方面。更为重要的支
援体现在技术、人才、管理等软的方面。图 3-23 所示对比了支
援方和受援方 2007 年的人均地区生产总值。总的来讲，支援方
的人均地区生产总值约为受援方的 2.4 倍。其中，北京、上海、
深圳等城市的人均地区生产总值已达到发达国家水平，而甘肃、
陕西灾区的人均地区生产总值尚不及其 1/10。

　　东部地区的经济与社会发展水平明显高于汶川地震灾区。
在此背景下，支援方不但要提供资金支持，还要帮助制定重建
规划、进行建筑设计，提供必要的机械与设备，输送技术与管
理人才；不但要支援基础建设，还要在较长一段时间内通过深
入的人才、文化、经贸交流，帮助受援方更好更快地发展。比
如 2010 年 4 月广东省与汶川县签订了《粤汶长期合作框架协
议》，决定力争用 3～5 年时间，使双方在技术援助、管理援助、
产业合作、干部培养等方面取得进展。正所谓"扶上马，送
一程"。

　　汶川地震灾后恢复重建坚持原址重建的方针，唯一的例外
是北川县城。北川县所辖 2857.83 万 km^2 的土地中 90％以上是

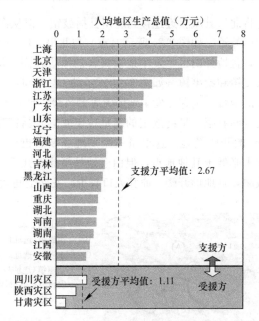

图 3-23　对口支援双方 2007 年的人均地区生产总值

险峻的山地。汶川地震中，北川县死亡 15646 人，失踪 1023
人，约占汶川地震死亡与失踪人口总数的 1/5。位于大山深处
的北川县城也在地震、滑坡、洪水、泥石流等多种灾害的影响
下严重毁坏，原址重建难度极大，并且即使能够原址重建，二
次受灾的风险也非常高。2008 年 9 月 24 日一场暴雨突袭北川，
引发的大规模泥石流掩埋了北川县城废墟，并造成临时安置的
42 人死亡。2013 年 7 月 9 日北川县城遗址遭遇 50 年一遇的洪
水，全城被淹。如果当年选择在原址重建北川县城，不知这场
洪水会给生活刚刚安定的北川人带来什么样的苦难。

　　北川县城新址的选择主要考虑的是地质灾害的风险。最初的想法是将北川县城就近迁移到北川县擂鼓镇。但从图 3-24 可以看到，擂鼓镇（如图 3-24 所示 B 点）与北川县城一样位于地震断层上，且地处山区，发生地质灾害的风险较高。位于安县境内的永安镇和桑枣镇（如图 3-24 所示的 C、D 点）位于山区与平原交汇地带，仍存在发生地质灾害的风险，且受地形限制，未来发展空间有限。最终选定的新址位于安县安昌镇东南的一片约 8km^2 的开阔场地。这里虽然距离地震断层也比较近，地震危险性未必低于其他地点，但由于地处平原，几乎不受地质灾害的威胁，且地形开阔，原驻人口较少，发展空间大。

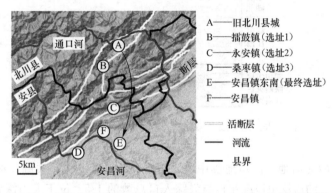

图 3-24　北川县城异地重建的选址（以 Google Map 为基础绘制）

　　2009 年 6 月新北川县城的建设正式启动。规划中的新县城不仅仅是为了原来生活在北川县城内的居民，而是要容纳更多的北川县民。规划的新北川县城预计在 2010 年完成 4km^2 的城镇建设，吸引约三万人入住；2015 年扩张至五万人；2020 年，县城拟扩建至 7km^2，吸引七万人入住，这相当于北川县人口的 1/3。图 3-25 所示对比了旧北川县城和截至 2013 年的新北川县城。从中或许可以直观地体会到什么叫"跨越式发展"。

作为支援方，山东省为新北川县城的建设出资 43 亿元，并派遣了包括工程师、管理人员和建设工人在内的三万人的建设大军。2010 年 9 月，山东省向北川县人民政府整体交付了占地 $4km^2$、总耗资 153.7 亿元的新县城。从开始建设到交付使用共耗时 1 年零 4 个月。而这仅仅是汶川地震灾后恢复重建中的"中国速度"的一个缩影。

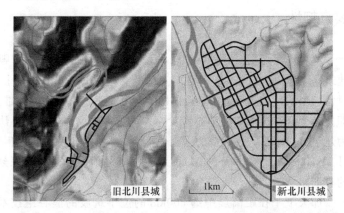

旧北川县城　1km　新北川县城

图 3-25　新旧北川县城的比较（以 Google Map 为基础绘制）

4 走近地震——史无前例的巨灾

妄言韧性

地震作用短则十几秒、几十秒，长则几分钟，却足以摧毁建筑物，造成大量伤亡。然而，正如上文在讨论"城镇的韧性"时曾指出的，地震对人类社会的影响远不止于这一瞬间的灾难。即使是像日本这样久经地震考验，人民防灾意识强，并且自认为建筑抗震水平天下无双的国家也不例外。东京时间 2011 年 3 月 11 日下午 2 点 46 分的 M9.0 级日本东北地震便是一次深刻的教训。

那天下午在距离震中约 300km 的位于筑波的熊谷组技术研究所的结构实验场里，我正与浜田等人讨论防屈曲支撑的位移量测方案，对面正在焊接螺栓的工人师傅突然抬起头将信将疑地说："地震?"顺着他的目光看去，不远处的反力架在晃动，吊车也在振动。过了一会儿，地震仍没有停息的迹象，反而越来越剧烈。"快跑!"浜田一声大喊，所有人跑出了实验场。

站在实验场的大门口，眼睁睁看着里面正将一台反力架吊离地面的吊车剧烈地晃动。浜田命令一名工人去将吊钩放下。正当工人走近吊车时，一轮巨大的晃动袭来，实验场开始猛烈摇晃，铁皮外墙噼啪作响。见势不妙，大家拔腿就跑，跑出二三十米到了空旷的地方才停下来。路边堆放的巨大混凝土块也在地震中倾倒下来，幸好没砸到路上。回头看那实验场，仍在地震的肆虐下剧烈地扭动身躯。

主震过后，大家一边感叹这次地震持续时间之长，一边走回完好无损的实验场，放下逃跑时来不及放下的工具。实验场已经断电，于是大家向研究所的本馆走去——去看新闻。

本馆的休息区已经聚集了十几个人（当时整个研究所里大约有三十几人）。此时新闻播报的地震震级只有 $M_j7.4$，已经发出海啸预警，最大浪高可能超过 10m！正当我摘下安全帽松了一口气时，3 点 17 分，本馆开始猛烈摇晃，过了十几秒仍不停歇。虽然大家不以为然的神情让我放心了一些，但还是不由自主地把安全帽又扣回了头上。这次余震的感觉与主震差不多，只是稍弱一些。随后在 3 点 27 分和 3 点 46 分又分别发生了两次比较猛烈的余震，震度估计在 4 度以上。这期间还夹杂着许多不到 3 度的轻微晃动。

几十分钟后，围在电视机前的人们渐渐散去，我们也回到已经恢复电力供应的实验场，继续刚才的工作。这样看来，东京都市圈已经具备了 Mahin 教授所憧憬的韧性："So what? Let's go back to work."但是不要言之过早。受地震影响，东京圈所有的电车都已经停止运营。不一会儿，研究所的广播就把大家又叫回了本馆：所长要安排所内人员今晚留宿。一方面因为许多回不去家的人需要就地住宿，另一方面因为许多旅馆停水停电无法入住，附近的旅馆早已爆满。好不容易在网上订到三个床位，因为我们来自东京工业大学，算是客人，所长安排每田、我还有另一位年纪较长的人去入住。

下午 5 点多，熊谷组的一位员工开车送我们去旅馆。沿路的便利店前停满了车，人们已经开始担心晚餐了。好不容易到了旅馆，还没停车就被工作人员拦住，很抱歉地解释说现在旅馆停水停电，卫生间也无法使用，客人们都在门厅里等着，不太适合入住。正当我们犹豫要不要硬着头皮入住时，一次余震袭来，门厅里一些客人惊慌地从略显破旧的旅馆里跑了出来。还是回研究所吧，那里毕竟有水有电又结实。

在回去的路上，我们在沿途的便利店买了晚饭和水。便利店里人倒不是很多，但货架上除了方便面之外，能顶饱的东西早被一扫而空。下午 5 点 49 分，才用便利店旁边的公用电话给家里报了平安。而此时广播里报的震级已经修正为 $M_j 8.4$，不免大吃一惊。回到研究所本馆，所长已经组织留宿的人在休息区摆起长桌，桌上堆满了啤酒、烧酒和各种零食。他们管这个叫 E-Party（Earthquake Party，即 "地震聚会"），估计是日本独有的吧。

夜幕降临，新闻中逐渐有人员伤亡的报告，大多数是在地震引发的海啸中遇难的，而直接由房屋倒塌引起的人员死亡还没有报道。震级已经修正为 $M_j 8.8$，电视画面上明白无误地写着 "（日本）国内观测史上最大地震"。这一震级已经与去年导致 200 多人死亡的智利地震一样了。电视里开始播放肆虐的海啸。汹涌的黑水裹挟着汽车、渔船、货箱以及被摧毁的一切残骸，飞快地奔上陆地，席卷农田，淹没公路，所到之处一片汪洋。但大家似乎并没有立即意识到这些令人震撼的画面背后是如何巨大的伤亡。我们就着余震、电视和零食，喝啤酒，喝烧酒。晚上九点左右，从新闻中得知东京地铁的一些线路已经恢复运营，各路公交车也逐渐恢复运营。九点半左右大家有些累了，困了。我盖着毛毯，枕着卷成团的大衣，很快就在酒精与疲劳的夹击下在地板上睡着了。凌晨两点，我在寒冷中醒来。仍在努力运转的空调也无法让我暖和起来。我把头下枕着的大衣展开盖在身上，又睡了过去。四点左右，又在背痛中醒来，仍有些冷。翻来覆去地熬到五点，仍想再睡一会儿。五点半时终于决定不睡了。喝了点热茶，吃了泡面，才终于暖和过来。

3月12日早上八点半左右在电视上看到，据日本警视厅统计，死亡人数上升至202人，另外尚有673人失踪，共计1042户房屋完全损坏。因为许多电车尚未恢复，东京都内尚有8万9千人滞留在外难以回家。无法回家只是一时的不便，家还在就好。即使是在远离震中约300km的东京都市圈，即使这里遭受的地震动并不十分强烈，即使这里没有受到海啸的威胁，整个城市仍然陷入混乱，社会基础服务陷于停滞。再加上稍后的核事故造成的能源供应紧张，地震发生前一秒钟我们手头的工作，直到整整一个月后才得以勉强继续。

估计地震当天谁也没有想到，这次地震会演化成一场史无前例的涉及地震、海啸和核事故的复合型巨灾，并最终造成了15875人死亡，2725人失踪，成为日本二战以后伤亡最惨重的一次自然灾害。

海啸凶猛

与1995年曾造成6434人死亡（其中约90%死于房屋或家具倒塌）的神户地震相比，东北大地震中直接由地震动造成的人员伤亡相对很少，绝大多数遇难者都是在地震引发的空前巨大的海啸中丧生的。据日本警视厅2011年4月11日统计，已确认身份的13135名死者中，有92.5%死于海啸，而只有4.4%（578人）死于建筑物或家具倒塌，另外还有1.1%死于火灾，2%死因不明。

这次海啸有多大？图4-1所示的两个来自NHK电视节目的海啸受灾区域图可能会给大家一个直观的印象。图4-1（a）

所示是与仙台市南部毗邻，东望仙台湾的宫城县名取市的海啸受灾区域分布图。实线是这次海啸实际到达的位置，而虚线则是之前政府公布的可能遭遇海啸区域的边界（Hazard Map）。可见，这次海啸远远超过了设防标准。图 4-1（b）所示是仙台市南部与名取市北部的海啸受灾区域分布图。图中，实线是这次海啸实际到达的位置，而虚线是史籍中记载的 1100 年前贞观大地震引发的大海啸曾经到达的位置。在 2011 年地震发生之前，1100 年前的那次巨大海啸一直被认为是日本有记载的最大规模的海啸。

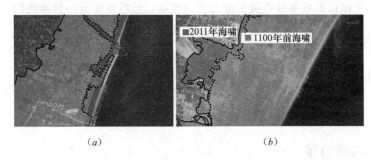

（a）　　　　　　　　　　　　（b）

图 4-1　2013 年日本东北大地震引发的海啸波及范围
（图片截取自 NHK 电视节目）

　　图 4-2 所示的照片或许有助于更加感性地认识海啸的凶猛。照片是面向大海的方向拍摄的。远远的直到天与地相接的地方，只有一幢房子和几个电线杆寥落地站立着。近处是被海啸卷走的木结构房屋留下的基础和地梁（土台）。如果误以为这里原来就是一望无际的平野，或许就感觉不到太多的凄凉，其实这里原来是日式的精致街区。一户一户的独栋住宅，单行道的小巧马路，几乎每家门前都或多或少地摆着几盆花花草草，几乎可以肯定还曾经有一条热闹非凡的商店街。

图 4-2　日本东北某处被海啸袭击的城镇

在海啸所及的地区，像这样残存的混凝土基础和木制地梁比比皆是。上部的木结构房屋被整栋地冲走了。或是被冲到更远的地方，或是留在了海水退去的路上，更或是被直接带回了无尽的大海。日本人喜欢木结构的独栋住宅。日本的木结构几乎全是一两层的小楼。虽然价钱只是混凝土结构的一半，但与厚重的混凝土结构相比，木结构在海啸面前更加不堪一击。

沿海的铁路也未能幸免。有些地方路基被冲毁，有些地方铁轨被扭曲。拍摄图 4-3 所示的照片时已经距离地震有将近一个半月了。但这条连接东京和仙台的重要铁路仍然没有任何恢复的迹象。海啸所到之处一片废墟，这种惊人的杂乱给救灾重建工作带来了巨大的麻烦：光是清理这些地方的"垃圾"就要花费许多时间。

图 4-4 所示是一个被自卫队征用的某小学校的操场。自卫队的卡车一趟趟地去周边的废墟里捡回被海啸蹂躏的汽车，集中到这个操场上。其他更不成样子的"垃圾"也由挖掘机和卡车配合着集中到一起。像图 4-5 所示那样的残骸之山也经常可以看到。与残骸之山相比，图 4-5 所示的挖掘机和卡车显得多么渺小无力啊！

图 4-3　日本东北某处被海啸摧毁的铁路

图 4-4　某小学操场里临时放置的被海啸毁坏的汽车

图 4-5　残骸之山

在这样一个海啸多发、人民高度自律且防灾意识很强的国家里，这次海啸仍然夺走了上万人的生命。与地震预警只有几秒的逃生或避难时间不同，海啸预警发出之后，人们有相对充裕的时间逃往高地。但是以宫城县釜石市和名取市为例，据调查，分别有约30％和43％的人没有及时避难。根据两个市不同的市情，未及时避难的理由也有明显的不同。

釜石市拥有号称世界上最坚固的防波堤。据说该市为修筑这个防波堤前后花费了三十年的时间。该市还经常组织以地震、海啸为主题的防灾演习。调查显示，该市没有及时避难的人的理由如下（多选题）：

（1）认为海啸不会越过防波堤（30％）；

（2）觉得自己所在位置离高地很近，不着急跑（20％）；

（3）觉得海啸即使越过防波堤，到陆地上也不会太高，不用避难（13％）；

（4）认为自己所在位置离海边足够远（13％）。

可见，人们对海啸以及相应的避难措施比较了解，不避难的主要原因是低估了海啸的严重程度。与之不同，名取市的人们普遍对海啸反应迟钝，他们不避难的理由是（多选题）：

（1）地震后忙于确认家人是否安全（39％）；

（2）忙于收拾整理地震造成的乱迹（30％）；

（3）根本没有想到会有海啸（18％）。

另外值得注意的是，据日本警察厅4月11日的统计，已确认身份的13135名死者中，有65.2％是年过花甲的老人。而30岁以下的年轻人（包括幼儿、学生）只有不到4％。老人行动不便，没能及时避难，也是伤亡较严重的一个原因。

海啸灾害与地震灾害明显不同。首先它的地域性更强。比如，全日本都坐在地震断层上，全日本的房子都要抗震，但面临海啸威胁的不过是沿海岸线几公里范围之内的区域,且主要是太平洋一侧(日本海一侧的海啸危险性相对较低)。

其次是可预警性。以日本的海啸预警水平,大地震发生后可以马上发出海啸预警,人们至少有一二十分钟的时间做出应对,而地震预警则最多给人们几十秒的反应时间。

仅从这两点来看,通过科学合理的海啸防灾规划(包括避灾设施和防灾训练)和高质量的海啸预警,完全可以避免海啸造成的人员伤亡。相比之下,过分强调建筑物的"抗海啸"能力,或者过分依赖坚固的防波堤而忽视避难的做法并不可取。海啸尖端的所谓"白浪"速度很快且具有爆炸性的破坏力。莫说木结构,即使是钢筋混凝土或钢结构的房屋,也未必是它的对手(如图4-6所示)。

(a)   (b)

图4-6 被2011年日本东北大地震引发的海啸破坏的钢筋混凝土建筑
(照片由清华大学叶列平教授拍摄)
(a)被海啸击碎的钢筋混凝土墙;(b)被海啸连根拔起的钢筋混凝土建筑

巨震不倒?

在日本东北大地震中,由地震动直接引起的建筑震害相对较少。这一方面固然得益于自1995年神户地震以来日本在提升建筑物抗震性能方面做出的努力；但另一方面也应该注意到，东北大地震属于"海沟型"地震，其地震动特性与所谓的"都市直下型"的神户地震显著不同，而后者对建筑物的危害更大。

隶属于日本防灾科学技术研究所（NIED）的强震观测台网（简称 K-Net）是日本最主要的全国性强震观测台网之一。它一般在地震发生后几乎实时地在其网站上公布获取的强震记录。但东北大地震之后，台网的网站服务因能源供应受损而一度中断，几天后才恢复正常。

在这次观测到的强震记录中，比较引人注目的是破纪录的地面峰值加速度（PGA）。K-Net 记录到的最大的 PGA 高达 2942.2gal，约相当于 3 倍的重力加速度。此处所说的 PGA 是指三个方向（两个水平方向和一个竖直方向）加速度的矢量和的峰值。在极震区唯一的中心城市——仙台市——附近有两个 K-Net 的台站也记录到很高的 PGA——MYG012 台站和 MYG013 台站。其中，MYG013 台站是 K-Net 拥有的距离仙台市中心最近的一个台站。在东北大地震中，该站记录到的 PGA 高达 1.54g，地面峰值速度（PGV）高达 83.5cm/s，是这次地震中 K-Net 记录到的第二大 PGV。

将上述两个记录的较显著分量的拟加速度反应谱与以往地震的地震动记录的反应谱比较一下可以发现，这些记录的短周期和中长周期成分非常显著，长周期段则衰减得很快（如图 4-7 所示）。图 4-7 中用于比较的地震动记录分别是：

（1）1995 年神户地震中的鹰取波 NS 分量。它以异常显著的长周期成分（1～2s 区段）而被熟知。NS 分量的 PGA 虽然只有 0.61g，PGV 却高达 127.1cm/s，具有显著的近断层地震动的特征（都市直下型）。

（2）2008 年汶川地震中的绵竹清平波 EW 分量。该分量的

PGA 高达 $0.95g$，PGV 为 $81.7cm/s$，在中国强震动台网中心的数据库中算是数一数二的强震记录了。由图 4-7 所示，绵竹清平波的短周期成分非常显著，但随着周期的增长，反应谱值衰减得非常快。

图 4-7 还同时给出了日本现行抗震规范采用的罕遇地震（水准 2）弹性反应谱。可见，东北大地震中仙台市周边实际记录到的地震动的反应谱在短周期和中长周期段远远超过了水准 2 弹性反应谱。换句话说，如果不考虑建筑物超强等因素的影响，这些地区的中低层建筑即使按照"大震弹性"来设计，其实际遭遇的地震作用也将远超过其承载力。这传达了一个什么信息？有些人可能认为只要经济条件允许，建筑物全都按"大震弹性"来设计就可以高枕无忧了。其实不然，考虑到未来可能发生的地震的不确定性和建筑物地震反应的复杂性，不能寄希望于一味蛮干的弹性设计，而需要更加聪明的工程手段。

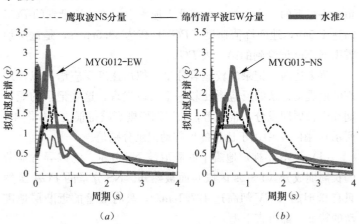

图 4-7　仙台市周边两个 K-Net 台站地震动记录的拟加速度反应谱

从图 4-7（a）所示可以看到，MYG012-EW 地震波的短周期成分非常丰富，对于周期较短的低矮房屋应该具有很大的杀伤力。而 MYG012 台站周边恰恰基本上都是二、三层的独栋住宅。它们的实际震害如何呢？

图 4-8 所示是东北大地震后 MYG012 台站周边的情况。街还是原来的街，房屋也似乎并无大碍，打眼看去并不像经受过如此强烈的地震。周边地区也观察到一些建筑震害，如图 4-9 所示，但总的来说所占比例很小，并且没有发现建筑物倒塌的情况。

MYG013 台站附近的情况又如何呢？绕着 MYG013 所在的街区转了一大圈，发现的唯一的地震损伤比较明显的建筑是如图 4-10 所示的丰田汽车销售中心大楼。震害相对较重的是两侧的四层钢筋混凝土裙楼，主要表现为窗间墙的交叉裂缝。主楼的玻璃幕墙也有一定损伤。尽管如此，这座建筑仍在正常使用。与之相比，临近的 3 层钢结构的 YAMADA 电器商城并没有受到什么结构损伤，但其非结构构件，如玻璃幕墙、吊顶等受损比较严重，导致建筑无法正常使用（如图 4-11 所示）。现场考察时工人正在清理一层停车场的吊顶以及上部楼层的内部装修，可能需要重新装修后才能开业。

图 4-8　日本东北大地震后 MYG012 台站周边街景

图 4-9　MYG012 台站周边典型震害

图 4-10 MYG013 台站附近的丰田汽车销售中心大楼

图 4-11 MYG013 台站附近的 YAMADA 电器商城

　　无论是 MYG012 台站还是 MYG013 台站，虽然从 *PGA* 或者拟加速度反应谱上看来当地的地震动非常强烈，但其周边建筑物的实际震害并不严重。实际上，用什么指标来衡量地震动对建筑物的影响或者地震动的强弱程度并无定论。本书第 1 章介绍的日本 JMA 震度是一个类似于 *PGA* 的物理量，而我国现行抗震规范则直接以 *PGA* 作为动力时程分析中地震动强弱程度的归一化指标。与上文介绍的 MYG012 和 MYG013 台站附近的情况相类似，在 2013 年芦山地震中也发现了 *PGA* 很大，周边建筑震害却较轻的情况。比如在距离震中约 25km 的名山科技台站记录到高达 420.1cm/s² 的 PGA，相当于我国抗震规范中规定的 8 度罕遇地震水平，而台站附近的几栋多层砌体结构和框架结构均基本完好或仅仅轻微破坏[63]。

除 PGA 之外，还有许多指标被用来表征地震动的强弱程度。日本工程界通常采用 PGV 作为动力时程分析中地震动强弱程度的归一化指标，美国在发展基于性能的抗震设计方法时一般采用结构基本周期对应的加速度反应谱 $S_a(T_1)$ 来衡量地震动输入的强弱程度。还有更多或繁或简的指标。各种指标均有它的局限性。感兴趣的读者可进一步查阅本书参考文献［64］的研究。

晃动的新宿

说到新宿，首先想到的是超高层建筑群。全日本目前共有 31 座已建成的 200m 以上的建筑，其中 21 座位于东京，21 座中有 8 座汇集于面积仅约为 1.5km² 的西新宿。除此之外，这块弹丸之地还拥有二十余座高度在 100～200m 的超高层建筑。这虽然与面积仅约为 2.1km² 却拥有 17 座 200m 以上超高层建筑的上海浦东陆家嘴相比还显逊色，但两者的地震危险性不可同日而语。东京位于世界上最活跃的地震带——环太平洋地震带上，上海却几乎没有遭受过破坏性地震的袭击。与东京同样位于环太平洋地震带上隔洋相望的是美国加州的洛杉矶。这座激情四射的城市同样拥有一个超高层建筑林立的弹丸之地——市中心约 2.7km² 的区域内聚集了 11 座高度超过 200m 的建筑。洛杉矶市中心的这些超高层建筑大多兴建于 20 世纪 70～90 年代。即使是 1994 年距离洛杉矶咫尺之遥的北岭地震也没有引起人们对超高层建筑抗震性能的任何担忧。但 2011 年日本东北地震着实让远在几百公里之外的新宿晃动了起来。

图 4-12 在一张以富士山为背景的照片上标示出了西新宿的 8 栋 200m 以上建筑中的 6 栋。另外两栋被挡在了 223m 高的新宿中心大厦的身后。2011 年 3 月 11 日，东北地震发生约两分钟后，西新宿的超高层建筑群开始在强烈的地震动作用下晃动起来。这种晃动并不像普通建筑那样猛烈而短暂，而是以更长的周期"缓慢地"来回摇晃，不停地摇晃。有兴趣的读者可以在 YouTube 上找到一段站在新宿中心大厦的窗口拍摄新宿野村大厦的视频❶。这段时长不到 2min 的视频首先记录了高达 203.3m 的野村大厦在云端缓慢晃动，远处的天际线可以作为静止的参照物。随后镜头向右转动，193m 高的日本损保总部大厦进入视野。这两座相邻且高度相仿的建筑在镜头前不太同步地来回晃动，像两位行动迟缓的巨人舞动着自己庞大的身躯。

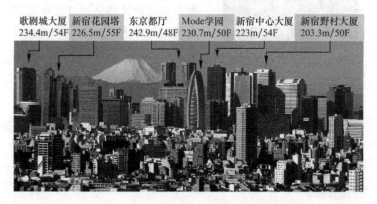

图 4-12 日本东京西新宿超高层建筑群（照片来源：由 Morio 拍摄）

❶ http：// youtu. be/ACKMPD6MySs。

不仅仅是野村大厦和日本损保总部大厦，摄影者所在的新宿中心大厦其实也在持续地晃动，整个西新宿都在持续地晃动！对于置身于上百米高空的办公室里的人们来说，这令人眩晕的晃动是一种恐怖的煎熬。当时恐怕没有人想到，这煎熬竟然足足持续了十几分钟！无从逃生，只能在祈祷中等待。

新宿中心大厦（新宿センタービル）建于 1979 年，是一栋地下 4 层、地上 54 层的钢框架结构（局部为钢筋混凝土或钢骨混凝土框架），屋面高度 223m。（如图 4-13 所示）结构基本周期沿长边方向为 5.2s，沿短边方向为 6.2s。

大厦的施工由位列日本五大建筑综合承包商的大成建设承担。大成建设的公司总部也设在这里。2008 年 10 月至 2009 年 7 月间，大成建设对这栋已有三十年历史的超高层建筑进行了抗震

图 4-13 新宿中心大厦

加固。加固的主要目的之一就是更好地应对可能遭受的长周期地震动的考验。加固采用大成建设自主研发的所谓 "T-RESPO 工法"，在大厦的第 15~26 层和 28~39 层每层设置 12 个特制的油阻尼器，以增大结构的阻尼，一方面减小结构在地震作用下的最大反应，另一方面也有助于让结构在地震作用过后尽快停止晃动。

尽管如此，加固后的新宿中心大厦在东北大地震中仍然足足晃动了 13min。这次地震中，在新宿中心大厦首层沿结构长边方向和短边方向分别记录到 94.3cm/s² 和 142.1cm/s² 的峰值

加速度[65]。图4-14所示给出了在大厦短边方向记录到的底层加速度时程和顶层位移时程。东北地震震源区域长达500km，地震动持时较长，然而新宿中心大厦的晃动却持续了更长的时间。

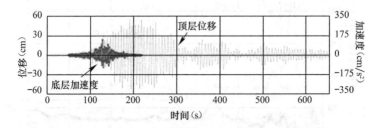

图4-14 新宿中心大厦在日本东北地震中记录的底层
加速度时程和顶层位移时程（短边方向）[65]

从图4-14所示可以看出，在地震动加速度最大值过后一分多钟，大厦顶层才达到最大位移；地震动基本停止后大厦仍持续晃动了好几分钟。说到这里，有必要了解一下日本东北地震中新宿地区遭遇的地震动的频谱特性。图4-15所示对比了日本东北地震中在距离震中较近的仙台市和距离震中较远的新宿记录到的水平地震动的速度反应谱。图4-15同时画出了日本抗震设计中采用的水准1和水准2的设计反应谱。可见，在距离震中较近的仙台市，地震动在0.5～1s周期范围内的反应谱值很大，1s之后则快速衰减。这在上一节已有介绍（参见图4-7）。与之相比，新宿遭遇的地震动虽然较之仙台远为轻微，但频谱特性截然不同。新宿波在1s之前的周期范围内的反应谱值仅与日本水准1的设计反应谱相当，而在1s之后不但没有快速衰减，反而逐渐增大，在2～3s的周期范围内出现一个峰值，一直到6s甚至7s仍没有显著衰减的迹象。让新宿晃动的正是这样的"长周期地震动"。

就反应谱上长周期成分非常丰富的特征而言，新宿遭遇的

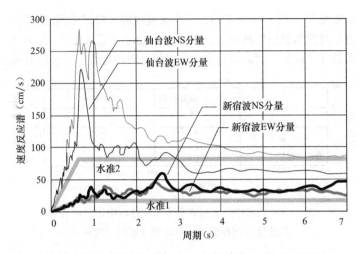

图 4-15 日本东北地震中记录的速度反应谱[65]

长周期地震动与第 2 章在介绍隔震建筑时提及的近断层地震动有些相似（参见图 2-7）。含有长周期大振幅脉冲的近断层地震动也是一种长周期地震动，但与新宿波相比，两者的成因完全不同。近断层地震动（Near-fault ground motion）中的长周期大振幅脉冲是在断层破裂过程中在距离断层很近的地方（通常认为不超过 10km）由地震波在垂直断层方向上累积叠加形成的；新宿波那样的长周期地震动则是由于地震波中的长周期成分在传播过程中衰减较慢而在距离震源很远的地方（通常为200km 以上）形成的，因此也被称为远场地震动（Far-source ground motion）❶。

远场地震动的威力第一次引起地震工程界的普遍关注始于

---

❶ 注意此处的远场地震动（Far-source ground motion）与英文文献中经常出现的 Far-field ground motion 并不相同，后者通常并非长周期地震动。

1985年发生在墨西哥近海的一次M8.0级地震。这次地震最显著的震害不在震中附近，而是在远离震中约400km的墨西哥城。据统计，城内有265栋建筑倒塌，其中101栋为不超过5层的建筑，134栋为6～10层的建筑，30栋为超过10层的高层建筑；另有约800栋建筑因损坏严重而拆除[66][67]。2008年汶川地震中，远离震中600余公里的西安市的个别塔吊遭到破坏，部分高层建筑出现损伤，也是远场长周期地震动在作祟。而新宿超高层建筑群在日本东北地震中恐怖的晃动成为长周期地震动最近一次的表演。

在日本东北地震中，新宿中心大厦的顶层在短边方向的最大水平位移达到54.2cm，在长边方向也达到49.4cm。相对于结构高度，这样的水平位移仅对应于约1/400的层间位移角，对主体结构不会造成任何损伤。但与之相伴的是消防喷淋系统的意外启动、吊顶的坠落、书架的倾倒和更为重要的——人们的恐慌。

与1985年时墨西哥城内为数不多的十几层的高层建筑相比，如今我们的城市拥有了更多"柔软"的建筑，比如超高层建筑、隔震建筑。我们的城市在长周期地震动面前的脆弱性不是减小了，而是增大了。

不太一样的重建

2012年5月7日的《日本经济新闻》英文版的头版头条是一篇关于2011年日本东北大地震灾后重建的报道，标题是《Tohoku's new role：hub for renewables》(《东北的新角色：新能源中枢》)。而在此两年之前的2010年7月12日，《华西都市报》曾刊登了一篇题为《四川彭州震后重建斥资10亿打造法式浪漫小镇》的报道。相比较，两个词组浮现在我的脑海：一个是"为了忘却的重建"；另一个是"亡羊补牢的重建"。

如上文第3章所述，汶川地震后中国政府以巨大的决心举全国之力支援灾区恢复重建，灾区恢复之迅速令世界震惊。如此力度估计在其他任何国家都是难以想象的。与2005年美国政府在卡特里娜飓风后救灾不力的劣迹两相对比，中国政府无疑赢得了世界的尊重。

对口援建可谓中央政府对地方的成功博弈，这一援建制度在汶川地震灾区的重建中发挥了极高的行政效率、创造了跨越式的"中国速度"，但也暴露出一些问题，比如政府大包大揽，特别是外地支援方政府大包大揽，容易偏离"以人为本"的理念；地方对口援建容易各自为战，难以形成地区和国家的总体战略。例如彭州市斥资十亿元打造的法式浪漫小镇（如图4-16所示）只是汶川地震灾后恢复重建的一个小小缩影，与灾后重建的总体模式不太协调。但它似乎诉说着一种愿望：希望尽快忘却那惨痛的经历。

图4-16　汶川地震恢复重建中彭州市白鹿镇的法式风情小镇

相比之下，日本东北地震灾区的恢复重建有些不太一样。日本东北地区在2011年日本东北地震中损失的生命的绝对数量虽然远不及汶川地震，但其占日本人口的比例却是很高的，震灾对日本全国全社会的影响也非常大。

据《日本经济新闻》的题为《东北的新角色：新能源中枢》❶的文章介绍，在震灾过后一年多，灾区重建的图景开始浮出水面，而其焦点所在，正是新能源。日本政府正在通过多种手段，激励企业在东北地区发展新能源产业。图 4-17 所示是在日本东北地区规划的以风能、太阳能和地热能为主体的新能源发电站。大力发展新能源，正是为了避免福岛核事故悲剧的重演，所以我愿意称之为"亡羊补牢的重建"。有些人一听见亡羊补牢总觉得是贬义，其实能做到亡羊补牢已经很不错了。看过本书第 1 章中对日本抗震规范体系发展的介绍不难发现，人们其实经常是在亡羊补牢中进步的，"亡羊而补牢，未为迟也"。

这篇新闻发稿时，日本除福岛核电站以外的全部 50 个核反应堆正全部处于停运状态。新能源可能一时半会儿还无法挑起重担。图 4-17 所示的所有已规划新能源项目的装机容量加起来也仅仅 40 万 kW，不及地震前福岛核电站 4 个核反应堆的总装机容量（逾 900 万 kW）的 1/20，但它毕竟在核能之外提供了另一种选择，或者说，它开启了一扇面向未来的保障能源安全的大门。

图 4-17 所示的新能源项目里，位于福岛县近海的一座海上风力发电站并没有标出装机容量，因为它还处于论证阶段。它的预期装机容量是 100 万 kW。这一项目目前由日本经济产业省牵头，由东京大学与三菱重工等 10 家日本企业共同谋划。丰田公司、大成建设、东芝公司等众多日本知名企业也纷纷加入东北新能源中枢的建设。政府在其中发挥的作用，只是利用政

---

❶　英文原题为 Tohoku's new role：hub for renewables。

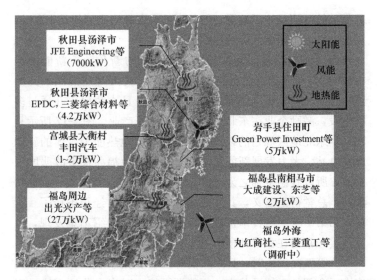

图 4-17 日本东北地震后东北地区复兴的新能源中枢规划

策杠杆引导更多的企业在经济利益而非爱国情怀的驱使下自觉地投入到这一战略决策的实施中。比如放宽对新能源企业的管制，允许在国有土地或准国有的公园用地上开钻热力井，推动促进新能源销售的立法等。按照亚当·斯密的理论，政府应该做尽量少的事，通过各个企业与个人自觉地选择，促进本国的能源安全的发展。道理其实非常简单：人们只有在花自己的钱的时候，才真正把钱当钱。

5　地震带上的建筑梦想

环太平洋地震带（Pacific Ring of Fire）绵延 4 万 km，是世界三大地震带之首。据美国地质调查局（USGS）介绍，全球约90％的地震发生在这里。在这条地震带上分布着四个狭长的地区——美国加州、日本、新西兰和智利（如图 5-1 所示）。除了地域狭长之外，它们的共同特点是经济较为发达，饱受地震侵扰，建筑抗震水平相对较高。

图 5-1　环太平洋地震带

由于地震灾害频发，这些地方的建筑梦想可能会受到更多来自技术层面的压抑与限制，但客观条件的种种限制不正是建筑区别于其他艺术品所特有的魅力吗？在这一章，我们暂且远离地震工程，而是选取环太平洋地震带上一些不同年代、风格各异的建筑，回望在地震工程百年发展背景下现代建筑的足迹，体会它们背后蕴藏的建筑梦想，以及人们对美的永恒追求。希望这样的体验有助于拉近工程师与建筑师之间的距离。

现代主义的精神——辛德勒住宅（1922）

现代主义的极简至洁、日本传统建筑的自然意趣、南加州特有的匍匐于大地的辽阔，再加上两对志趣相投的年轻夫妇，建于1922年位于洛杉矶的辛德勒住宅理应为它的设计者鲁道夫·辛德勒（Rudolph M. Schindler，1887~1953）在现代建筑史上争得一席之地。然而他不但没能入选1932年由菲利普·约翰逊等人主导的MOMA建筑展，连以洛杉矶为中心的Case Study Houses的建筑师阵容也没能入选。这位远渡重洋的奥地利人在洛杉矶被以当时流行的国际风格主导的现代主义运动边缘化了。但如果考虑到他对自然风土的重视与推崇，便不难理解这种边缘化。国际风格怎能允许一个有强烈地域主义倾向的现代建筑师充当自己的代表？

或许辛德勒本人并不在乎国际风格对他的评价，他反而可能渺视国际风格。看过他的辛德勒住宅之后可能会觉得他受到现代主义大师密斯❶的强烈影响。但请注意，伟大的辛德勒住宅建成之后二十多年，密斯的代表作——著名的范斯沃斯住宅（Fansworth House）才终于问世。

这是一个共用住宅。两对夫妇——辛德勒夫妇和他们的朋友蔡斯夫妇住在这里。辛德勒为四个人分别分配了房间，从图5-2

❶ 见本书第68页脚注。

所示的左下到右上，依次是辛德勒自己的房间（R. M. S）、辛德勒夫人的房间（Pauline Gibling Schindler，S. P. G）、蔡斯夫人的房间（Marian Da Camara Chace，M. D. C）和蔡斯先生的房间（Clyde Burgess Chace，C. B. C）。在两位女士的房间一隅夹着共用的厨房，这也是两家人唯一的共用空间。四个房间两两围合出一个中庭，并且把整个 200 英尺长 100 英尺宽的场地划分为两个相对独立而私密的庭园空间。每个房间在朝向街道或者对方庭园的一侧采用开竖缝的钢筋混凝土墙壁，而在另一侧，即面向庭园的一侧，则主要采用日式的通透的木格窗和大幅的推拉门。两家人的大门一个在南，一个在北，但蔡斯夫人仍可以通过自己房间靠近厨房的那扇小门进入辛德勒一家的庭园，辛德勒从自家大门向东拐，通过一条小路也可以到达蔡斯一家的庭园。两家人既相对独立，又紧密联系。厨房西边是客房和车库。客房的设计延续了主人房间的思想，客人拥有自己的推拉门和门外的一片庭园。

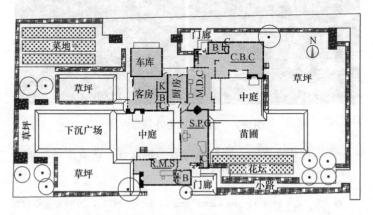

图 5-2　辛德勒住宅平面图（根据辛德勒 1922 年手稿重绘）

整个住宅为单层，局部有阁楼，平屋顶，舒展地匍匐在大地上。木格窗与推拉门拉近了室内与室外的距离，甚至模糊了两者之间的界线。席地坐在室内，面朝室外的庭院，仿佛置身于日本传统木屋的厅堂。那压得很低，估计高度不足 2m 的回廊挑檐也像是专为日本人设计的。整个建筑没有过多的装饰，仅从表面上看不出辛德勒的偶像——赖特先生❶的任何痕迹，但其流动的空间以及对地域特征的尊重却无不表达着对赖特先生的敬意（如图 5-3 所示）。

图 5-3　辛德勒住宅外景与内景

无需详细查看施工图便可以容易地发现，这看似散乱的平

❶　弗兰克·赖特（Frank Lloyd Wright，1867～1959），20 世纪初新建筑运动的四大代表人物之一，其倡导的"有机建筑"注重建筑空间的流动性和与周边环境的协调。代表作包括流水别墅、罗比住宅、纽约古根海姆美术馆等。

面以一个 2 英尺（约 60cm）见方的网格为基础的。几乎所有的窗间木柱均以 2 英尺为间距，大推拉门每扇宽 4 英尺，一般以三扇为一组，混凝土墙壁上竖缝狭窗的间距均为 4 英尺，窗间木柱与混凝土狭窗相互对齐，就连庭院的分割布置都会考虑与这个网格的对齐。一种简洁的秩序感悄然升起。虽然辛德勒被国际风格的成员们排除在主流之外，但他用自己的作品静静地阐释着他所理解的现代主义的精神。

结构美学——代代木国立体育馆（1964）

建成于 1964 年的代代木体育馆不但是首次在东方国家举办的奥运会的主体育馆，而且向来被认为是东方首位素有建筑界诺贝尔奖美誉的"普利茨克奖"得主丹下健三（Kenzo Tange，1913～2005）的巅峰之作。在这个时期，丹下健三先生似乎很乐于通过简洁的构成手法创造丰富得惊人的表现力。图 5-4 所示的两张简图足以说明代代木体育馆主馆主体结构的构成。首先，一个类似悬索桥的体系是吊起整个巨大屋面的主要结构。它决定了结构的尺度，它的坚固性也决定了整个结构的安全。"悬索桥"两侧各有一个半圆形的钢筋混凝土环梁，被从主缆上伸出的众多钢铰线拉索吊离地面，与地面形成一个倾角。整个体育馆的基本形态就是这样。当然实际的样子要复杂一些。主要的变化在于，丹下先生没有把主缆的锚锭放在中轴线上，而是顺时针转了一个角度，并且两边吊起的也不是半圆形环梁，而是各在端部伸出一个尖角，直通主缆的锚锭。这样才形成了最终的好像是两半错开的叶片的样子。这些变化都没有改变体育馆最基本的结构构成。也正是通过这些变化，再加上大尺度的视觉冲击，才使得传力如此清晰而简洁的结构体系展现出丰富的表现效果（如图 5-5 所示）。

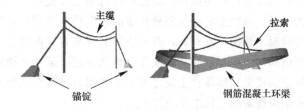

图 5-4　代代木体育馆主馆结构组成示意图

图 5-5　代代木体育馆主馆外景

　　主馆旁边别馆的结构更加简洁，更有张力，更具创造性。它像是一个人在用力地拽起一个圆环（如图 5-6 所示）。但在这里，丹下先生在背后的锚索上又做出有趣的变化。背索没有直接连接到主塔上，而是从后面绕出来，在主塔身前绕了一圈之后才连到塔尖。传力路径没有大的变化，建筑效果却顿时生动起来（如图 5-7 所示）。

　　结构合理性在这件作品的成功中发挥了怎样的作用呢？从结构构思到建筑形态，似乎是一条很通顺的路径，但如果反过来会怎么样呢？如果当年丹下先生不是先从结构出发，而是突然得到了关于体育馆优美外形的灵感，然后命令结构工程师来

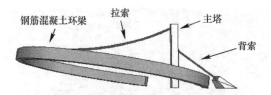

图 5-6　代代木体育馆别馆结构构成示意图

图 5-7　代代木体育馆别馆外景

实现，结果会有什么不同呢？趴伏在北京市中心的国家大剧院的外壳可能就是这样一个例子。当我第一次看到那个外壳的钢结构施工图上描述其外形曲面的所谓 2.2 次超椭球体的复杂公式时（如图 5-8 所示），心想这一定不是上帝心中的数字。当时技术人员告诉我，这个公式就是根据建筑师安德鲁随手勾勒出来的外形曲线拟合得到的。可能安德鲁觉得这个曲线很美，但我却看不出它的美。结构表达的简洁与建筑表现的效果之间究竟有什么样的关系呢？

$$\left(\frac{x}{105.9625}\right)^{2.2}+\left(\frac{y}{71.6625}\right)^{2.2}+\left(\frac{z}{45.2024}\right)^{2.2}=1$$

图 5-8　施工中的国家大剧院

新陈代谢运动——中银舱体（1972）

当年曾一度异想天开，希望以我称之为"可移动住宅（Mobile Home）"的建筑体系为博士研究课题，题目就叫《建筑的可移动性》（Mobility of Architecture）。现在年轻人工作地点流动性很大，买房子的成本又太高，如果在一个城市买了房子住下来，就在某种程度上束缚了自己未来的发展。如果在工作变动的时候能够把房子也搬走，就没有这个问题了。我的想法是在不同城市建造许多由巨型框架结构构成的停放"舱体住宅"的超高层"房坞"，年轻人只需要购买一两个舱体，再支付"房坞"的"停房费"，就可以在一个城市里住下来，并且室内的家具、装饰和甜蜜的生活印迹都可以一起搬家，既方便又温馨。舱体可以用新型的轻质高强纤维材料制作，既结实又便于搬运。舱体的宽度会受到公路或者铁路运输的限制，但对于年轻人来讲这种限制不是什么大问题。欧洲的许多集装箱住宅不是同样可以获得好用的室内空间。如果将舱体住宅与主体巨型框架之间设计成采用阻尼器的柔性连接，还可以提升整个结构的抗震性能。这样一个由舱体和巨型框架构成的自由灵活的体系在结构方面也很有意思。高强轻质舱体的设计，舱体与主体结构连接的设计，运用消能减震技术的可能性，在可能出现的偏心停舱的情况下超高层主体结构的抗震性能等，都是有意思的课题。几年后的今天，路边经常可以看到集装箱住宅、集装箱办公室的广告。这些廉价而简陋的室内空间固然说明了人们在这方面的需求，但与我当初的建筑梦想相去甚远。

只有矗立在黑川纪章先生（Kisho Kurokawa，1934～2007）的"中银舱体大楼"前时，当初的想法才又一次让我心潮澎湃。虽然黑川先生在中银舱体中寄托的"新陈代谢"思想不同于我所谓的"可移动性"，他的思想中蕴含了更加广博的对于社会以及人与自然的关系的思考与关注，但得到的结果却非常相似——在一个主体结构上对接多个居住舱体（如图5-9所示）。如果当年就曾探访黑川先生的这件作品，我可能会更多地坚持一下自己关于建筑可移动性的追求。

图5-9　中银舱体大楼的整体外观与局部

中银舱体大楼位于日本东京的高档商业街区——银座附近。它由两个作为竖向交通通道的核心筒和众多钢筋混凝土立方体

舱体组成。每个舱体的平面尺寸为 2.5m 宽、4.0m 长。注意，
2.5m 的宽度是完全可以运输的，普通集装箱的宽度就很接近
2.5m。在这样一个只有 10m² 大小的空间里，可以布置卫浴和
开放式厨房，如果是单身居住，可以住得比较舒适了。如果是
年轻夫妇，可以使用两个相连的舱体以获得更大的且有一定分
割的生活空间。

当然，中银舱体大楼的初衷并非为了搬家方便，而是为了
能够当舱体老化时便于更换。可惜这只是一个理想，实际上从
没有更换过，于是现在看到的中银舱体大楼已经尽显老态。如
果把这个体系移植到移动住宅的想法上，应该会很有意思。每
家有自己的舱体，说不定还会催生出舱体保养产业。如果觉得
自家的舱体外观不好看或者哪里有老化了，就请专业公司把舱
体运到工厂里去保养一番，就像给爱车做保养一样。如果大家
都这样做，整个大楼也就能经常地保持年轻状态，不会因为老
化而不得不拆除。这样一来，不正实现了黑川先生坚持的"新
陈代谢"的思想吗？这将带来居住理念与住房消费习惯的一系
列变革。

中银舱体大楼一度传说要被拆掉，因为业主觉得它的空间
利用率不高，并且结构安全可能存在问题。但如果将中银舱体
楼采用的核心筒加高强螺栓的连接方式改为高层巨型框架结构，
空间利用率和结构安全方面的问题都可以得到解决。尤其是在
结构安全性方面，巨型框架结构这种灵活的结构形式可以为工
程师提供更多的施展结构控制手段的自由，也可以为不同的住
户提供不同等级的抗震性能保证，符合"基于性能的抗震设计"
的理念。比如，家境殷实的住户或许对抗震性能有更高的要求，
那么可以选购自带隔震层的"隔震舱体"。这时，舱体成为一种
工厂预制的定型产品，它的各方面性能，包括节能环保、安全

性、舒适性等，都可以由用户自由选择，就像买汽车一样。其质量也要比现场施工的更有保障。

不过看到中银舱体如今老旧的模样，还是有些不舒服。但回过头来想想，普通建筑也会老化，只不过老在里面，立面上再涂一遍涂料就以为跟新的一样，其实还是很老了。反而像这种拼接式的建筑，老了就换掉，或者拆下来保养一番再装上去，而不必把整个大楼都推倒重来，这才是"新陈代谢"的意义所在。这不正符合上文谈到的减震建筑的设计理念吗？如果墙坏了，或者框架的梁、柱坏了，修起来就比较麻烦了，但如果设置一些容易更换的耗能构件，比如各种阻尼器，地震来了只有这些东西会损坏，保全了主体结构。地震过后把它们更换掉就可以了，很方便。这也可以看成是"新陈代谢"的一种形式吧。

城市的混沌——东工大百年纪念堂（1987）

它不仅仅是一座建筑，更是筱原一男先生整个建筑生涯的凝聚与反映。筱原一男（Kazuo Shinohara，1925～2006）是令东京工业大学引以为豪的建筑大师。他在东京工业大学执教三十余年，并以东京为基地开展自己的建筑探索。他是与丹下健三先生同时代的建筑大师，并对伊东丰雄等日本建筑界新锐产生了深远的影响。东工大百年纪念堂（Centennial Hall）是筱原先生整个建筑创作生涯中已建成的规模最大的一座建筑，也代表了他建筑理念的顶点，尽管这个顶点如此令人费解（如图5-10和图5-11所示）。

如果不是这座著名而外形奇怪的建筑，筱原先生恐怕要一直被仅仅视为一名住宅建筑师了。的确，在他的建筑事业的前半段，他只关注住宅，也只设计住宅。他的整个建筑创作活动

图 5-10　东京工业大学百年纪念堂

图 5-11　东京工业大学百年纪念堂外景与内景

174

可以分为三个阶段。首先是以提炼日本建筑传统，创造现代
"和式空间"为目标的阶段。然后他彻底摆脱日本建筑传统的束
缚，进入了以"方盒子"为代表的第二阶段。这时他已完全超
越本土传统，似乎是在向西方现代主义建筑靠拢，但又不安于
此，而是希望更进一步。以 1974 年著名的谷川住宅（Tanikawa
House）为标志，他迈进了第三阶段。在这个阶段，他似乎超
越了一切模式，一种杂糅了"反理性"与"技术至上"这两种
看似互相抵触的思想的建筑风格横空出世。1976 年的上原住宅
（Uehara House）是里程碑式的作品，百年纪念堂则成为一个顶
峰。据说 1987 年刚刚建成的时候，许多市民纷纷带着自己的孩
子来参观这座外形怪异的建筑。很多人将它比作日本动画片里
的"高达战士"。它就矗立于东京工业大学的校门口，正对着繁
忙的大冈山电车站，交通非常方便。好奇的参观者如此之多，
以至于在竣工后的那几周时间里，校门口周边甚至冒出来许多
兜售零食的小商小贩。

　　是什么让曾经追寻传统，继而追求纯净的筱原先生转而设
计出如此具有暴力倾向的建筑？

　　筱原先生曾经用"混沌"来形容东京的城市风貌。地块的
琐碎分割，建筑的无序扩张，最终只能造成混沌的景象。而东
京工业大学主校区正门前的十字路口，恰如其分地诠释了一个
浓缩的混沌城市。一个十字路口的四周，环绕着一个繁忙的轨
道电车站，一个繁忙的超市，一个繁忙的麦当劳，和一个繁忙
的大学校门。从这个路口向四面八方走进去，就是一条条密布
着电线和店铺旗幡的狭窄街巷。而被称为"高达战士"的百年
纪念堂，正把头伸在这个路口的上方咧嘴笑着。它一边注视着
这混沌的城市，一边用自己奇怪的身体助长着城市的混沌，似
乎是在歌颂它，也似乎自己就是从混沌里生长出来的怪兽。

永恒的美——盖蒂中心（1997）

在洛杉矶西北角的一座山顶上，生长出一颗夺目的珍珠——盖蒂中心。在南加州充沛阳光的沐浴下，这座永恒的白色建筑璀璨而安详。站在它的面前，一定会不由地心生敬意，对它的设计者迈耶（Richard Meier，1934～）的敬意，对现代主义的敬意，对追求美的理想的敬意。

对纯白的狂热，对纯净几何形体的追求，对精确模数的运用，都给迈耶打上了彻头彻尾的现代主义建筑信徒的标签。他受柯布❶影响巨大，他对密斯的极简主义也不无推崇，他反对赖特的"有机建筑"，更与文丘里❷之流所推崇的后现代主义倾向格格不入。徜徉在盖蒂中心的环绕中，已无法简单地将迈耶视为一位卓越的现代主义建筑师，而是更加宁愿相信，他只是"永恒的美"的信徒。他追求简洁的秩序，也追求自然在建筑上留下的痕迹；他向柯布致敬，也把更加崇高的敬意献给希腊与罗马；他在山顶安放一颗明珠，却又如赖特所向往的那样让它似乎自发地生长于山巅；他延续自己的形式符号，也毫不忽视建筑功能的需求。很难说他在追求一种什么风格，或是遵循着现代主义或其他什么教条的理念。一切都那么自然、和谐，恐怕这就是美。

---

❶ 勒·柯布西耶（Le Corbusier，1887～1965），现代主义建筑大师，与弗兰克·赖特、密斯·凡德罗和格罗皮乌斯并称20世纪初新建筑运动的四大代表人物，也是其中最激进、风格最为多变的一位。代表作品包括萨沃伊住宅、廊香教堂等。

❷ 罗伯特·文丘里（Robert Venturi，1925～），后现代主义建筑的旗手，鲜明反对密斯的极简主义，提倡通俗、大众化、装饰性强的建筑形式。代表著作有《建筑的复杂性和矛盾性》和《向拉斯维加斯学习》等。

外墙上洁白的网格已经成为一种符号，代表迈耶欢迎每位游客的到访。数字是迈耶的建筑中不可缺少的元素，盖蒂中心的网格模数是 30 英尺。在迈耶的建筑中从不需要带尺子，数数格子就足够了。在这地貌丰富的山巅，网格似乎也随着白云扭动起来。博物馆的布局匠心独具，五座展馆环绕着一个中庭。建筑师通过把展馆化整为零，迫使游客不时地走出略显压抑的展厅，到暖和的中庭沐浴一下南加州的阳光，让自然之光与艺术之光有机会好好融合。

与迈耶几乎所有其他的建筑作品略有不同的是，盖蒂中心并非纯白，而是在大多数立面采用了专门从意大利庞贝运来的"洞石"。这是一种多孔的石灰岩，不很质密却纹理丰富，甚至可以在里面发现羽毛的化石。孔洞疏密不均，用手掌拍打墙面的不同部位可以制造出不同的声响，像击鼓一样。洞石立面不但使这座山巅明珠与周围环境更加协调，而且给人一种细腻的温暖感受和一丝辽远的沧桑。迈耶惯用的铝合金板也现身盖蒂中心。从某个角度看去，纯净的铝合金板从一个硕大的躯体上伸出来，使整个形体好像一头卡通大象，眯着眼睛享受温暖的阳光。象腿细长，在身下留出高大开敞的空间，对比出人体的渺小。质地朴实纹理丰富的高大柱体总让人不由地联想到罗马建筑的辉煌。

光，建筑的灵魂，在迈耶这里自然不会缺少。当阳光倾泻进来触摸墙壁上的纹理，那种美妙的感觉让人无法抗拒。除非有特殊需要，展厅里尽量引入自然光，使肃静得有些压抑的展厅活泼起来。盖蒂中心的藏品虽说以希腊罗马时期的雕刻为主，但最吸引我的还是那间挂满印象派画作的展厅。站在柔和的自然光下鉴赏印象派大师对光影变化的微妙把握，还有比这更令人难忘的吗？

图 5-12　美国加州洛杉矶盖蒂中心

　　如果看得累了，穿过展馆的包围到设计独特的庭园里转一转，也是放松心情的绝好方法。盖蒂中心得天独厚的地理位置使它成为远眺太平洋或者俯瞰洛杉矶的绝佳地点。视线抚过山脚下的城市，直及绵长的沙滩，然后便是辽远的泛着金光的太平洋。海天一色，流云似卷。

薄暮升腾，日渐西垂，洛杉矶也在夕阳映照下熠熠生辉。日落时分，华灯初上，这座典雅而永恒的建筑又换了一副模样。短暂的游览只能走马观花，建筑给予的感动却足以长驻心间。

竖向流动——仙台媒体中心（2001）

离圣诞节还有将近一个星期，仙台这座偏居日本东北的城市已早早地营造出浓厚的圣诞气氛。仙台媒体中心（Sendai Mediatique）所在的定禅寺大街两旁的行道树上挂满了彩灯。街边人行道和中央隔离带上挤满了人，举着手机希望记录下眼前的节日气氛。明亮的媒体中心就站在彩灯之后。其内部静谧的阅读空间与外面熙攘的大街被一层薄薄的玻璃完全隔开（如图5-13所示）。

记得小时候看过一个国产动画片。一个爱吹牛的小孩设计了一栋摩天大楼，建成后才发现忘记设计电梯了。这可累坏了要去顶层剧院看戏的人们。其实不只是这个爱吹牛的小孩，绝大多数人对于建筑空间的体验与认知都是水平的，因为人在建筑中的活动主要是水平的。小孩只是忘了设计电梯，如果再粗心一些连楼梯也一起忘掉应该也不会太不合情理。当在一层一层摞起来的水平空间中活动的人们需要从一层移动到另一层时，往往要先进入一个与水平空间隔绝的筒，费一番力气，再次从筒里出来时就到了另一个水平空间。筒与水平空间之间缺乏交流，水平空间与水平空间之间更缺乏交流。赖特先生在纽约古

图 5-13　仙台媒体中心外景与内景

根海姆美术馆里把展厅空间卷起来形成一个盘旋上升的准水平空间，虽然使用起来或许不太方便，却实在是费尽心思地探索着现代建筑空间的可能性。伊东丰雄（Toyo Ito，1941～）以"风"为喻，努力通过自己的建筑创作体验更多的可能性。从这个角度来品味仙台媒体中心的设计应该还算恰当。

仙台媒体中心的七层规规矩矩的水平空间完全由众多造型自由的斜交钢管筒壳支承，仿佛一片片楼板被随波摇曳的水草轻盈地托举起来。筒壳里面或是楼梯，或是电梯，是垂直交通的空间。筒壳外面是人们经常活动的水平空间。透明的筒壳允许这两种本来井水不犯河水的空间产生积极的交流。在某一层的水平空间中行走时，可以时不时的透过筒壳看到上面一层或者下面一层的水平空间，也可以时不时地看到电梯轿厢在透明的筒壳里上下穿梭。这一设计打破了竖向空间与水平空间之间由来已久的隔阂。更为可贵的是，这样的空间体验不是通过纯粹的建筑手法实现的，而是将结构设计一并考虑进去。结构中的竖向支承构件在将重力自上而下地传递给大地的同时，也将建筑空间中人们的视线吸引到竖直方向。框架结构中本来因为占用建筑空间而不被现代建筑师们青睐的竖向支承构件——柱子，现在反而膨胀成为极具表现力的"水草"，在保持明确而简洁的传力体系的同时，创造出新鲜的空间体验。这也正是伊东丰雄的高明之处。

在 2011 年日本东北地震中，仙台媒体中心遭受了强烈的地震动，而它造型独特的主体结构并无大碍。尽管如此，室内漂亮的吊顶在地震中大面积坠落，导致建筑物暂时关闭。不仅仅是仙台媒体中心，吊顶坠落是日本东北地震中非常典型的建筑震害，也是影响建筑物震后正常使用，制约社会在地震作用下的韧性的重要因素。

畅游艺术海洋的大船——迪士尼音乐厅（2003）

迪士尼音乐厅（Disney Concert Hall）出现在电影《Soloist》里绝对是突兀的。这艘大船出现在哪里都是突兀的，除非

181

在海洋里。坐在这艘大船的船舱里，不想再思考什么结构工程的问题，甚至不想讨论建筑的问题，而只想回头想想一个更加基本的问题——艺术是什么？

迪士尼音乐厅是洛杉矶爱乐乐团的主场。正赶上原指挥祖宾·梅塔（Zubin Mehta）重返洛矶杉爱乐乐团的交响乐专场演出。置身于德沃夏克的 D 小调交响曲中，思想无意识地脱离了眼前的乐团，甚至脱离了置身其中的船舱。短时间内集中、连续而纷杂的感官冲击——盖里（Frank Gehry，1929～）创造的这艘大船，MOCA 里肆意宣泄的当代艺术，洛杉矶五彩斑斓的中心城区——伴随着耳边回荡的德沃夏克的 D 小调交响曲滚滚翻涌时，关于"艺术是什么"的一个想法突然浮现于脑海。

艺术即表现，是"表现"本身，而非被表现的对象，即是如何表现，而非表现什么。当人们站在一幅画作前冥思苦想艺术家想要传达什么时，已经错过了艺术；当人们正襟危坐在音乐厅里凝神屏气地欣赏自己第一次听到的名曲并试图捕捉音乐带来的每一个颤抖背后音乐家想要传达的讯息时，也已经错过了艺术。谁不曾牵强附会地在脑海里根据自己少得可怜的经验构筑一幅并不能令自己感动的图景，但很快这幅精心构筑的"解释"图景就被接下来的乐段击得粉碎？感动不是被想象出来的，而是一种被艺术的力量瞬间击溃而眼泪不住涌出的感觉。将我们击溃的力量很可能从未存在于艺术家创作时的脑海里。它是艺术在我们心中引起的共鸣。艺术家并不准确地知道他的作品会在我们心中掀起怎样的波澜，我们也无从将自己脑海里的图景告诉另一个人。这些图景、这些共鸣本来并不存在，它不是艺术，而是艺术的后果，是瞬间产生又随即消失的东西。若人心似镜，感动则是镜中影，艺术的本体则在镜外。还有什么比艺术品本身更能表达它想要表达的吗?

图 5-14 美国加州洛杉矶迪士尼音乐厅

与艺术品的意义相比,其构成、原理、制作过程等更加真实的属性才更有意思。一段旋律在心中泛起波澜,恰如拳击手给对方一记重拳。他需先撤肘,从足跟发力,依次动用腿部和腰部的肌肉,将所有动势汇聚于拳头,然后才是奋力一击。不明就里的人只去赞叹那一拳力道十足,精彩的部分却已经错过。

任何艺术形式都是这样。可以表现桌子、椅子,也可以表现速度,表现力量,表现爱,表现恨,表现善,表现恶……表现每一样东西都可以有无数种方法,艺术则藏身于这些方法之中。有些方法高明，有些方法拙劣，但没有一种方法是完美的终极的，那将是艺术的终点。

不少人觉得现代艺术、后现代艺术或者当代艺术都是胡来，这仅仅是因为他没有亲自实践过，所以不知道把一个故事讲好的困难，也不知道把两种颜色混合的危险。当代艺术家只不过在探索新的表现方法，这与印象派画家当年所做的事情并无二致。

表里城市——单极东京

都市乃至都市圈正在将世界上越来越多的人口和资源集中起来。在环太平洋地震带上，东京、旧金山和洛杉矶就是这样有能力牵动世界神经的大都市。日本恨不得将全部资源集中在以东京为中心的所谓"首都圈"。东京即指东京都，由 23 个都区和多摩地区组成。首都圈则进一步包括了神奈川、千叶、琦玉等东京都周边的县。相信从表 5-1 中的数据可以看出东京和首都圈在日本的分量。

东京和首都圈占日本全国的百分比　　　　表 5-1

项　　目	东　京	首都圈
面积	0.6%	3.7%
人口	10.1%	27.5%
大学生人数	24.7%	40.4%
大宗商品销售额	40.0%	46.0%
工业产品交付额	3.0%	17.7%
注册资金 50 亿日元以上的企业数	53.5%	61.1%
信息产业从业者人数	39.5%	52.4%
外资企业数	71.0%	83.6%

这无疑是压倒式的单极结构。首都圈以 3.7% 的土地面积

承载着全日本将近30％的人口。全日本近半数的教育资源集中在这里，近半数的市场活动也集中在这里。一个城市何以承担如此的重负？这样的大都市果真是人们所憧憬的吗？东京工业大学塚本由晴（Yoshiharu Tsukamoto，1965～）研究室在其名为"东京全域"的规划研究中，将东京的城市生活总结为五个词：汽车、火、水、电车和樱花。这或许有助于梳理东京都市生活的脉络。

交通对于这样一个大都市的重要性不言而喻。难怪在塚本先生的五个词中有两个关于交通。东京无疑拥有全世界最为发达的轨道交通系统。这个由地下、地面以及高架轨道组成的庞大网络每天输送着数以亿计的人次往来于这个无边无际的都市。都心地带的轨道交通站点网格密度甚至可达500m，可谓无所不至。如此发达的轨道交通网络固然极大地方便了人们的出行，减少了交通带来的能源消耗和环境污染。即使这样，东京工薪族的平均通勤时间仍然是1个小时，东京的地面道路交通仍然拥堵不堪。

火，主要指火灾。1923年关东大地震引发了大规模火灾。那次地震中80％的遇难者死于火灾，而非房屋倒塌。时过九十年的今日，情况变好了吗？东京人正在焦虑中期待着一场首都直下型地震的到来。在这个木结构房屋高度密集的大都市，火灾恐怕仍将是造成人员伤亡的最主要来源之一。

说到水，除了号称全世界安全标准最高的自来水系统之外，东京的排水系统也值得称赞。2012年夏秋之交，15号台风直击东京。在这次大规模的集中降水过程中，除了因强风造成电车大面积停运之外，东京并没有受到积水内涝的困扰。与之相比，我国北京、武汉等大城市的排水系统简直是小孩儿过家家。东京地下巨大的蓄水库仿佛远远超越人体尺度的地下宫殿。这难道不是城市化人口高度集中的产物吗？

城市建设吸引着人口的集中，人口的集中又进一步推动城市的建设。人的渺小在这个正反馈系统中被不断放大，直至系统崩溃。这一定是大都市的宿命。20世纪60年代享受着经济高速发展期的日本人所憧憬的以大尺度建筑为代表的未来都市已经或多或少地在东京实现了。可是，这真的是问题的答案吗？或者说，这样的答案真的是人们想要的吗？这些恐怕是仍在享受经济高速发展期且在各地大肆圈地造城的中国人不得不思考的问题吧。

20世纪60年代是神奇的。以1960年丹下健三发表著名的"东京规划"为标志，与建筑设计上的"新陈代谢派"在人员构成上基本重叠的一股城市规划力量以"大都市主义"（Metropolism）为旗帜粉墨登场了。除了丹下健三之外，我们还看到了黑川纪章、磯崎新、槙文彦等人的身影。他们大胆地为人类设想着未来理想都市的图景。时隔半个世纪，看看如今东京的西新宿，或者北京的CBD，或者上海的浦东陆家嘴，不得不佩服这些大师的洞察力，或者号召力。

图5-15所示的一组关于东京的六幅航拍照片从超高层大楼林立的西新宿，到同样位于都心的涩谷和银座，再到近郊的成城、滝野川和京岛，展示了东京这个国际大都市的丰富肌理。看那西新宿，如果把每座超高层大楼都用天街相连，不正是活脱脱的丹下健三当年的"筑地规划"吗?! 把这六幅照片排列起来，你看到了什么？是从京岛到新宿的半个世纪的发展吗？

但我看到的却恰恰相反。我看到的，或者说我希望看到的，是从西新宿到京岛的未来都市图景。就在我们快要实现或者已经部分地实现大师们在半个世纪前描绘的未来都市图景时，我

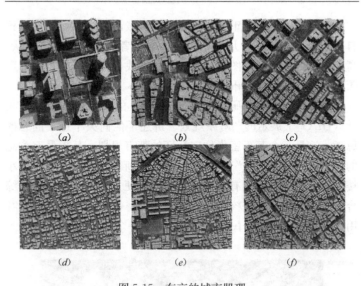

图 5-15　东京的城市肌理

(a) 西新宿；(b) 涩谷；(c) 银座；(d) 成城；(e) 滝野川；(f) 京岛

们厌倦了。厌倦了这个由许多远远超出人体尺度的建筑物构成的居住、生活和工作空间。在这个空间里，我们挤在汽车或地铁里快速地移动，坐在远离地面几十米甚至上百米的高空拼命地工作，坐在摄像头面前与千里之外的亲人聊天。在这个空间里，我们有时不得不移动十几公里，只为了检查一下牙齿；有时不得不在路边暴晒半个多小时，只为了打辆出租车回家。与此同时，我们对于城市这个庞大系统的脆弱性知之甚少。它的运行仅仅依赖于为数不多的电厂、水库和垃圾处理厂。一想到几千万人的正常生活都依赖于这些为数不多的设施我就害怕。我们厌倦了这些一度让我们引以为豪的过于庞大的庞然大物。我们开始渴望社区，渴望在街头巷尾碰见个熟人，停下脚步，站在路边品评一下街角刚开的那家小餐馆。

很不幸地，我们正在目睹国内许多城市在野心勃勃地修建自己的地标，像极了几十年前的日本或者美国。但应该承认，高楼林立的未来都市图景已经过时了。我们需要新的未来都市图景来安抚我们在城市中已疲惫不堪的心。

横滨国立大学的研究者们在东京举办的 2012 年世界建筑大会（UIA）上展示的"町屋规划"讲述了他们关于这一问题的思考。这是一个基于密集住宅社区的都市规划。其中最有意思的部分莫过于"地核"的概念。图 5-16 所示的夹杂在林立的小楼中被标记成红色或有红色箭头指示的便是名为"地核"的综合服务设施。每个地核被几栋住宅包围，供住在里面的居民共用，同时也把这些居民联系起来，形成一个微型社区。

图 5-16 "町屋规划"示意图

按照研究者们的想法，地核承担着许多社区功能，比如屋顶的菜园、公共露台、电梯、厨房、仓库，甚至给汽车充电的设施、停放自行车的场所以及消防设施（如图 5-17 所示）。它把社区的功能在一定程度上集中起来，提高利用效率，更为重要的是为人们创造了公共交流的空间，为在人与人之间建立起传统的邻里关系搭建了平台。是啊，饭做到一半突然发现少个土豆的时候，多希望能从邻居家里借一个啊。现在就把刚烙好的饼拿去送给邻居一些吧！

公共露台

入户通道

共用车库

自行车
共用停放处

共用电梯

邻里厨房

邻里休息区

地下消防水池

图 5-17　地核示意图

6 工程师不是什么

工程师不是科学家

科学家主要在探索已存在的自然界的奥秘，工程师则主要在创造未曾存在的新世界；科学家主要在回答"为什么"，工程师则主要在回答"怎么办"。显而易见，这是两种完全不同的任务。回答"为什么"时需要将问题分解分解再分解，直到研究范围缩小为一个简单到可以被认识的程度；回答"怎么办"时却不得不同时考虑各种外界条件的制约，把各方面的诉求和限制综合起来并给出全套解决方案。当这个方案巧妙地处理了各方面矛盾时，工程师欣喜若狂。

生活中一个非常简单的例子足以说明工程师的兴趣与成就感之所在。不妨开动脑筋想一想如何创造出一个转动弹簧吧！生活中少不了转动弹簧：推开的门可以自动关上，摁下去的订书机可以自动弹回原位……这些功能可以用像发条一样的螺旋弹簧来实现，也可以干脆用线弹簧加一个力臂来实现。但如果要在背包的小小搭扣上做一个转动弹簧，怎么办？这绝不是什么高科技问题，总可以得到解决，但有的方法笨拙，有的方法巧妙。下面就是一个巧妙的方法，我们天天在用，却可能从未留意。

图 6-1 所示是一个再简单不过的搭扣。摁下钢丝扣，肩带就可以从背包上取下来了。松开手，钢丝扣又自动弹回原位。

实现这样的转动弹簧并没有借助任何复杂的机构，而只是简单地将钢丝扣两条腿的固定端稍微错开了一些。

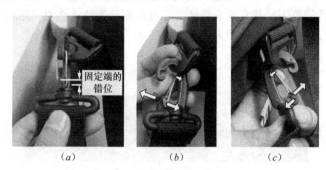

图6-1 简洁的转动弹簧

正是这个小小的错位，使被压下的钢丝扣有了弹性恢复力矩。这个恢复力矩来自于钢丝扣本身的弹性变形，而不需要任何第三方弹簧的帮助。这个小小搭扣完美地体现工程师的创造性。用巧妙创意解决实际问题，不正是工程师们最可得意之事吗？

工程师有时也需要回答一些"为什么"的问题。但工程判断往往是理论与经验的结合，并且越简洁的理论模型越能够给出准确的判断。2010年广东揭阳的"倒拱桥"曾风靡网络。网友惊呼的背后其实是非常简单的"悬链线效应"。通过简单的工程判断不难把握其合理性。

这座所谓的"倒拱桥"，如图6-2所示。根据当时新闻的描述，假设形成"倒拱"的部分跨度20m，下垂1.5m（目测），桥宽1.5m，钢筋混凝土桥板厚0.3m，配HPB235级钢筋。

首先根据静力平衡，通过简单的推导不难得知，为了维持这样的平衡并不需要太多的配筋。根据图6-2所示的简单力学模型，桥板所受的拉力 $T=(G/2)\times(L/4)/D=375\mathrm{kN}$。为抵抗这样的拉力，需要截面积约 1600mm^2 的 HPB235 级钢筋，仅占全截面的约 0.35%。这样的配筋量对于混凝土连续梁属于正常偏低的范围。其实形成悬链线之后用钢筋兜住这么点儿混凝土（全跨约 22t）问题不大，大可不必惊呼。

图 6-2 广东揭阳"倒拱桥"的受力模型

但另一方面，从变形协调的角度分析可知，若假设下垂1.5m，则桥板大概伸长了 1%，即使假设桥板中的钢筋是均匀伸长的，钢筋应变也达到 1% 了，远大于钢筋的屈服应变（约0.1%左右），钢筋必然已经屈服。若再考虑到对于这种配筋较少的钢筋混凝土板，混凝土裂缝处的钢筋应变可能高达平均应变的 5 倍，即 5%，由此可以估计裂缝处的钢筋已经进入强化阶段。实际上，在桥面失去桥墩而向下坠落的过程中，桥面两端形成塑性铰并逐渐发展为悬链线，钢筋在这个过程中屈服并为了达到新的平衡而产生了很大的变形。5% 的钢筋应变距离钢筋的拉断应变（约 10%）还有一段距离，暂时还是安全。

通过以上分析可以看出，维持目前的所谓"倒拱"并不需要很强大的配筋设计，这座桥在配筋设计方面应该没有什么出众之处，其优异表现主要源于连续梁桥的结构形式和良好的钢筋搭接和锚固质量。仅仅根据新闻报道和图片做出的这些工程判断难免有失准确，但工程师整天打交道的实际上正是大大小小的粗略判断。简洁的概念和丰富的经验在其中发挥着巨大的作用。

　　工程师面对的问题一方面是复杂而综合的，另一方面又是非常现实的。工程师的失误可能导致直接的经济损失甚至人员伤亡。1907年加拿大魁北克大桥在施工过程中垮塌，75名工人遇难。事故的直接原因是工程师的失误。这起事故震动了加拿大工程界，也促成了"工程师之戒"（Iron Ring）的诞生（如图6-3所示）。虽然它并不像传说中那样是由倒塌的魁北克大桥的残骸制成的，但佩戴于右手小指的这颗外形冷峻的戒指仍时刻提醒着工程师谨记自己肩头的责任。

图6-3　工程师之戒

　　2012年哈尔滨市某匝道桥侧翻事故曾引爆网络。虽然官方将其定性为由车辆严重超载而导致的特大道路交通事故，但侧翻的匝道桥在结构设计上的缺陷不容忽视。从图6-4所示的平面图可见，这是一段由八车道主桥和两侧双车道匝道桥组成的桥段。向外侧翻的是即将与主桥合并的一段约120m长的匝道桥，当时有四辆大货车列队通过。

　　由图6-4（c）、（d）所示的两张照片可以清楚地看到，侧翻桥段共有三跨。将三跨的四个桥墩从1～4编号。四个桥墩均为独柱式，但1、4号墩和2、3号墩的柱头采用了截然不同的设计，如图6-5所示。

　　当四辆大货车同时行驶在匝道桥的外侧车道时，会对桥面板产生较大的偏心弯矩作用。1、4号墩的墩头设计比较稳定，可以通过桥墩自身的受弯能力抵抗这一弯矩。但2、3号墩在柱头通过橡胶垫支撑桥面板，基本上不具备任何抗侧翻的能力。这样一来，侧翻的这段匝道桥就像扁担一样搭在比较稳定的1、

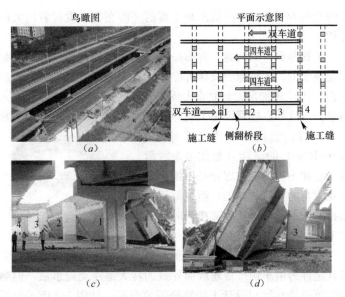

图 6-4　侧翻段的桥墩布置

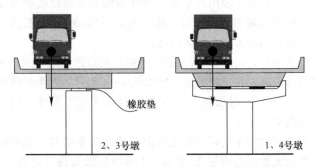

图 6-5　不同的独柱式桥墩设计

4 号桥墩上，中间另有 2、3 号墩两个不能抗侧翻的支点。这样一根长约 120m 的"扁担"浅浅地搭在两端的混凝土桥墩上，其抗侧翻能力可想而知。

工程师可以用自己的技术挽救生命，也可能因一念之差而葬送生命。当今舆论喜欢指责施工质量，却较少殃及工程设计，对工程师可谓宽宏大量。工程界自应如履薄冰，才对得起社会的信赖。

工程师不是保守派

工程师经常被视为保守派，至少在很多建筑师的眼里，结构工程师就是保守派。没错，工程师总倾向于做出偏于保守的设计，但这仅仅是因为我们无法掌握百分之百的信息。工程师也有自己的激情与梦想。

不妨从 20 层楼高处的一扇窗户讲起。2005 年在日本东京工业大学的校园里建起了一座20 层高的隔震建筑（J2 教学楼，如图 6-6 所示）。这个校区地势较高，再加上 20 层楼的高度，从顶层公共空间的落地观景飘窗望出去，东京近郊的田园风光尽收眼底。坐在如此美景前，或休息，或聊天，或讨论科学问题，都是很惬意的吧。然而一根粗壮的柱子正挡在这扇落地窗前（如图 6-7a 所示）。多年来，东京工业大学的结构专家们一直为此耿耿于怀。就这样放任这根柱子煞了许多年的风景，终于当它的旁

图 6-6 东京工业大学
J2 教学楼和旁边正在
施工的 J3 教学楼

边开始兴建 J3 教学楼时，在日本最大的建筑综合承包商清水建
设的鼎力支持下，他们等到了除掉这根柱子的机会。

图 6-7　拔柱前后的风光

这座 20 层建筑在横向只有一跨框架，跨度 15.8m。纵向
各榀框架间距 6m。主体结构是由钢管混凝土柱和钢梁组成的
框架结构。清水建设的工程师们估计要除去的柱子承担着约
162t 的轴力（如图 6-8a 所示）。经过反复论证，最终确定了如
图 6-8（b）所示的拔柱方案，即在屋面层附建一对桁架，把碍
事的柱子承担的 162t 荷载递到两旁的柱子上去。

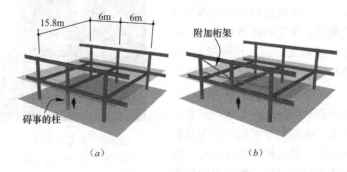

图 6-8　顶层局部结构示意图与拔柱方案

战略上可以浪漫，战术上却要谨慎。工程师们在拔柱前需要做不少计算。不但要确定附加桁架的尺寸，还要仔细检查周边的梁、柱构件是否足以承担拔柱后的附加荷载，甚至对拔柱施工的流程也要认真考虑。任何一个细节的疏忽都可能导致意想不到的后果。拔柱施工流程如下：

（1）一次顶升。即在柱子两侧安装两个千斤顶（如图 6-7b 所示）把柱头顶起来，使要移除的柱子大致处于无轴力的状态。

（2）首次切割。由专门的切割公司完成。先用白帐把柱子围在里面，工人站在白帐外操作，以减小粉尘对工人健康的危害。白帐一侧留个小口，便于工人观察里面的情况（如图 6-9a 所示）。切割的主角是绳锯，那架势就像一个人用脚蹬着树干，两手分别扯住绕在树干背后的绳索的两端形成一个自平衡体系，然后通过绳索的往复运动从树干背后一点一点把它切开（如图 6-9b 所示）。这绳索可非同一般。绳锯链条里掺有坚硬的金刚石屑，理论上可以切割硬度小于金刚石的任何东西（如图 6-9c 所示）。但要切割这样一根 0.6m 见方、钢管壁厚 25mm 的钢管混凝土柱也绝非易事。事前乐观地估计切割一个截面要一个小时，但实际第一个截面切了两个多小时。

（3）二次顶升。使柱顶的梁产生一定的向上的位移，即起个反拱，以便抵消千斤顶撤去后梁的挠度。

（4）将顶层的附加桁架的螺栓拧紧。注意次序，如果从一开始或者在二次顶升之前就将附加桁架的螺栓拧紧就乱套了。

（5）再次切割，将柱子切下来运走。从如图 6-9（d）和（e）所示的两张照片中可以看到切割完成后底部和顶部的两个平整的切口。绳锯功不可没。但要将这样一根将近 3t 重的柱子从 20 层楼高处运走可不容易。与建筑施工时不同，室外没有塔吊，只能利用建筑自己的客运电梯。不巧这座楼的客梯又比较弱，于是不得不把柱子切成三段分别搬运，还得在每一段上掏出四个大窟窿以减轻重量才不至于把电梯压坏（如图 6-9 f 所示）

(6) 撤去顶在原来柱子两侧的千斤顶。

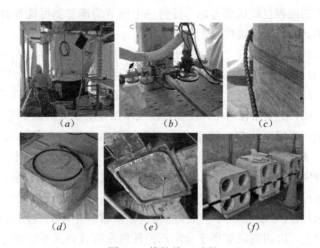

图 6-9　拔柱施工过程

(a) 拔柱现场；(b) 绳锯就位；(c) 绳锯链条；(d) 柱脚切口；
(e) 柱顶切口；(f) 分割搬运

每一次新的尝试都像在科学技术武装下的一次探险。柱子切断之前就设想着切口会出现一个错位。这是因为柱子在切断前对上下两个节点都提供较大的转动约束，切断后这些约束没有了，上下节点都会产生不同程度的转动位移，从而使下半截柱子往里偏，上半截柱子往外偏，如图 6-10 所示。同时由于下节点损失了一些转动约束，下层梁的跨中位移会有所增大。经过两个多小时漫长的等待，果然看到断口处产生了几毫米的错位，上茬向外，下茬向内。能亲眼看到自己设想的事情被验证，不是最有意思的事情吗？

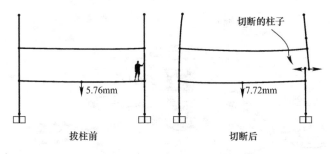

切断的柱子

↓5.76mm   ↓7.72mm

拔柱前   切断后

图 6-10 柱子切断前后结构的变形

将目光从二十层楼高处的一扇飘窗投向日本建筑业的五大巨头——清水建设、鹿岛建设、竹中工务店、大成建设和大林组。如上文所述,这五大综合承包商承担建筑规划、设计、施工、保养、管理、维修等各方面的工作,它们的服务几乎囊括一座建筑从生到死的全过程。五大综合承包商均拥有实力雄厚的研究机构,这是它们最具活力的部分,也时刻展现着工程师们追求技术创新的激情和改善人居环境的梦想。

图 6-11 所示是清水建设关于未来海洋人居的大胆设想。在赤道附近的广阔海面上,建造许多如图 6-11 所示的巨型绿色人居平台(Green Float)。主岛由直径 3000m 的绿岛和 1000m 高的杯状建筑构成。建筑底部可以为 1 万人提供居住空间,建筑顶部的空中都市则是主要的居住空间,可供 3 万人居住。这里除了住宅之外,还有办公楼、酒店、商业等各种完备的配套设施。它距离地面 700m 以上,当赤道附近海面温度常年保持在 30℃左右时,这些空中住宅可以获得 26℃左右的恒温环境。再加上充足的阳光,唾手可得的沙滩与热带丛林,都市与自然的关系被彻底改变。

建筑中部的植物工厂一方面担负着为居民提供食物的重任,另一方面还是垃圾回收与处理工厂。清水建设的设想是让这样

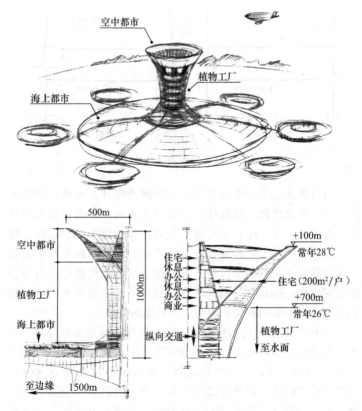

图 6-11　赤道上的海洋人居平台

的海洋人居平台实现粮食完全自给和垃圾零排放，从而对海洋
环境不造成任何污染。

　　在这样一个看似遥远的梦想中，清水建设的工程师们不但
为各种功能做出了具体的规划，还针对建筑、结构、施工等各
种问题进行了专门的研究。谁又能断言这样的梦想不可能实
现呢？

长期从事偏于保守的工程设计，长期处理工程中各种不确定因素，长期被各种规范规程缚住手脚，长期与天马行空的建筑师和好大喜功的业主周旋，工程师可能不由自主地变得保守了。但每当我看到优美的建筑、巧妙的结构，心里总会顽固地涌出一种冲动："搞些新东西吧"！

参 考 文 献

[1] 佐野利器. 家屋耐震構造論. 工学博士. 東京：東京帝国大学建築科，1915.

[2] Biot MA. *Vibrations of buildings during earthquake. Transient oscillations in elastic system* Chapter II. PhD thesis, Aeronautics Department, California Institute of Technology, California, Pasadena, 1932.

[3] Biot MA. Analytical and experimental methods in engineering seismology. *ASCE Transaction*, 1942, 108: 365-408.

[4] Housner GW. Behavior of structures during earthquakes. *Journal of Engineering Mechanics Division*, *ASCE*, 1959, 85（EM 4）: 109-129.

[5] Newmark NM. A method of computation for structural dynamics. *Journal of Engineering Mechanics*, *ASCE*, 85（EM3），1959: 67-94.

[6] Clough RW. The finite element method in plane stress analysis. *Proc. 2nd ASCE Conference on Electronic Computation*, Pittsburgh, PA, 1960.

[7] Menegotto M, Pinto P. Method of analysis for cyclically loaded reinforced concrete plane frames including changes in geometry and nonelastic behavior of elements under combined normal force and bending. *IABSE Symposium on Resistance and Ultimate Deformability of Structures Acted on by Well-Defined Repeated Loads*, Lisbon, 1973.

[8] Takeda T, Sozen MA, Nielsen NN. Reinforced concrete re-

sponse to simulated earthquakes. *Journal of the Structural Division*, *ASCE*, 96 (ST12), 1970.

[9] Gutenberg B. Amplitudes of surface waves and magnitudes of shallow earthquakes. *Bulletin of the Seismological Society of America*, 35 (1), 1945: 3-12.

[10] Geller R. 日本人は知らない「地震予知」の正体. 双葉社, 2011: 37.

[11] http://www.seisvol.kishou.go.jp/eq/kyoshin/kaisetsu/calc_sindo.htm.

[12] Minoura K, Imamara F, Sugawara D, Kono Y, Iwashita T. The 869 Jogan tsunami deposit and recurrence interval of large-scale tsunami on the Pacific coast of northeast Japan. *Journal of Natural Disaster Science*, 23 (2), 2001: 83-88.

[13] Geller R. 日本人は知らない「地震予知」の正体. 双葉社, 2011.

[14] 弘原海清. 前兆証言 1519! —阪神淡路大震災 1995 年 1 月 17 日午前 5 時 46 分. 東京出版. 1995 (ISBN-10: 4924644498).

[15] Geller R. 日本人は知らない「地震予知」の正体. 双葉社, 2011: 142-144.

[16] PhamaVN, Boyer D, Chouliaras G, Savvaidis A, Stavrakakis G, Le Mouel JL. Sources of anomalous transient electric signals (ATESs) in the ULF band in the Lamia region (central Greece): electrochemical mechanisms for their generation, *Physics of the Earth and Planetary Interiors*, 130 (3), 2002: 209-233.

[17] 陈颙. 在"中国科协防灾减灾学术报告会"上的报告, 2008 年 6 月 24 日.

[18] Fujinawa Y, Noda Y. Japan's earthquake early warning system on 11 March 2011: Performance, shortcomings and changes. *Earthquake Spectra*, 29 (51), 2013: 341-368.

[19]   http://www.seisvol.kishou.go.jp/eq/EEW/kaisetsu/teikyou-joukyou_201103.pdf (accessed:2012.11.13).

[20]   http://www.jma.go.jp/jma/press/1103/29a/eew_hyouka.html (accessed:2012.11.13).

[21]   张田勘. 成都高新减灾研究所称芦山震后成功发布预警信息. 中国青年报, 2013 年 4 月 23 日.

[22]   Qu Z, Kishiki S, Sakata H, Wada A, Maida Y. Subassemblage cyclic loading test of RC frame with buckling restrained braces in zigzag configuration. *Earthquake Engineering and Structural Dynamics*, 42 (7), 2013: 1087-1102.

[23]   Terzic V, Schoettler M, Mahin S. Uncertainty in modeling seismic response of reinforced concrete bridge columns. *Proc. 9th International Conference on Urban Earthquake Engineering (9CUEE)*, 2012: 1651-1660.

[24]   Constantinou MC, Whittaker AS, Velivasakis E. Seismic evaluation and retrofit of the Ataturk International Airport terminal building. *Research Progress and Accomplishments* 2000-2001, *MCEER*, 2001: 165-172.

[25]   Petak W, Elahi S. The Northridge earthquake USA and its economic and social impacts. *EuroConference on Global Change and Catastrophe Risk Management*, IIASA, Austria, 2000.

[26]   Krawinkler H. Advancing performance-based earthquake engineering. http://nisee.berkeley.edu/lessons/krawinkler.html.

[27]   Miranda E, Ramires CM. Enhanced loss estimation for buildings with explicit incorporation of residual deformation demands. *Proc. 15th World Conference on Earthquake Engineering*, No.5563, Portugal.

[28]   Qu Z, Kishiki S, Nakazawa T. Influence of isolation gap size on collapse performance of seismically base-Isolated buildings.

Earthquake Spectra, 29 (4), 2013: 1477-1494.

[29] Pan P, Zamfirescu D, Nakashima M, Nariaki N, Hisatoshi K. Base-isolation design practice in Japan: Introduction to the post-Kobe approach. *Journal of Earthquake Engineering*, 9 (1): 147-171.

[30] http://www.earthquakeprotection.com/index.html.

[31] 和田章、岩田衛、清水敬三、安部重孝、河合廣樹. 建築物の損傷制御設計. 丸善株式会社, 1998.

[32] Qu Z, Kishiki S, Sakata H, Wada A, Maida Y. Subassemblage cyclic loading test of RC frame with buckling restrained braces in zigzag configuration. *Earthquake Engineering and Structural Dynamics*, DOI: 10.1002/eqe.2260.

[33] 顾炉忠, 高向宇, 徐建伟, 胡楚衡, 武娜. 防屈曲支撑混凝土框架结构抗震性能试验研究. 建筑结构学报, 32 (7), 2011: 101-111.

[34] 李国强, 郭小康, 孙飞飞, 刘玉姝, 陈琛. 屈曲约束支撑混凝土锚固节点力学性能试验研究. 建筑结构学报, 33 (3), 2012: 89-95.

[35] Qu Z, Wada A, Motoyui S, Sakada H, Kishiki S. Pin-supported walls for enhancing the seismic performance of building structures. *Earthquake Engineering and Structural Dynamics*, 41 (14), 2012: 2075-2091.

[36] Li L. Base isolation measure for aseismic buildings in China. *Proc. 8th World Conference on Earthquake Engineering*, 1984, San Francisco: 791-798.

[37] 李立. 砖房不像 "豆腐渣" 在大地震中不倒塌. 工程抗震与加固改造, 30 (4), 2008: 102-103.

[38] 尚守平. 农村民居建筑抗震实用技术. 北京: 中国建筑工业出版社, 2009.

[39] Qamaruddin M. A state-of-the-art review of seismic isolation scheme for masonry buildings. *ISET Journal of Earthquake Technology*, 35 (4), 1998: 77-93.

[40] 日本国土交通省総合政策局情報安全調査課. 建築統計年報. 2011.

[41] 吉敷祥一，窪田裕幸，柳瀬高仁 ほか. 柱脚の浮き上がりを許容することで心柱効果を期待したロッキング制御型木質耐力壁の振動台実験. 日本建築学会構造系論文集 74 (644), 2009: 1803-1812.

[42] 吉敷祥一，都筑碧，和田章. 極表層地盤に埋設した鋼棒による木造戸建住宅の耐震補強に関する基礎実験. 日本建築学会構造系論文集 75 (658), 2010: 2213-2220.

[43] Bruneau M, Chang SE, Eguchi RT, et al. A framework to quantitatively assess and enhance the seismic resilience of communities. *Earthquake Spectra*, 19 (4), 2003: 733-752.

[44] Bruneau M, Reinhorn A. Exploring the concept of seismic resilience for acute care facilities. *Earthquake Spectra*, 23 (1), 2007: 41-62.

[45] Comerio MC. Resilience, recovery and community renewal. *Proc. 15th World Conference on Earthquake Engineering*, 2012, Lisbon.

[46] Calvi GM. L'Aquila Earthquake 2009: Reconstruction between temporary and tefinitive. *NZSEE 2010 Conference Proceedings*. Wellington, NZ. 2011.

[47] Deierlein G G, Ma X, Hajjar J, et al. Seismic resilience of self-centering steel braced frames with replaceable energy-dissipating fuses-Part II: E-Defense shake table test. *Proc. 7th International Conference on Urban Earthquake Engineering (7CUEE) & 5th International Conference on Earthquake Engineering*

（5ICEE）［CD］，2010，Tokyo，Japan.

［48］ Rinaldi SM，Peerenboom JP，Kelly TK. Identifying，under-standing，and analyzing critical infrastructure interdependencies. *IEEE Control Systems*，21（6），2001：11-25.

［49］ SPUR. The resilient city：defining what San Francisco needs from its seismic mitigationprolicies. SPUR Report，2009.

［50］ http：//news. sina. com. cn/c/2008-09-25/183514499939s. shtml

［51］ 和田章. Thank you for the engineering——耐震改修の知恵と工夫. 新建築，85（10），2010：184-189.

［52］ GB/T 17742-2008. 中国地震烈度表.

［53］ 中国地震局. 汶川 8.0 级地震烈度分布图. 2008 年 9 月.

［54］ 中国地震局. 四川省芦山"4·20"7.0 级强烈地震烈度图. 2013 年 4 月 25 日.

［55］ GB 50011—2001. 建筑抗震设计规范（2008 修订版）.

［56］ 叶列平，曲哲，陆新征，冯鹏. 提高建筑结构抗地震倒塌能力的设计思想与方法. 建筑结构学报，29（4），2008：42-50.

［57］ 曲哲，钟江荣，孙景江. 四川芦山 7.0 级地震砌体结构的震害特征. 地震工程与工程振动，33（3），2013.

［58］ 李成煜. 穿斗式木构架动力特性的简化分析. 工程抗震，1987，2：38-40.

［59］ ALC 协会. ALCパネル构造设计指针·同解说. 2004.

［60］ 旭化成建材株式会社. http://www. asahikasei-kenzai. com/akk/hebel/structure /original/hrc. html（accessed：2013.8.6）.

［61］ 徐晓军. 灾后财富分配与流动：汶川地震个案研究. 武汉：华中师范大学出版社，2011：94.

［62］ 新华社：http://xxcb. rednet. cn/show. asp? id＝1027907. 2010.

［63］ http：//zhedesign. blog. sohu. com/264723806. html.

［64］ 叶列平，马千里，缪志伟. 结构抗震分析用地震动强度指标的研究. 地震工程与工程振动，29（4），2009：9-22.

[65] Taisei Corporation. Seismic retrofit of high-rise building with deformation-dependent oil dampers. Seminar at Shinjuku Center Building, 2011.

[66] Kobayashi H, Seo K, Midorikawa S. Estimated strong ground motions in the Mexico City. *Proc. of the International Conference on the Mexico earthquake*-1985: *Factors involved and lessons learned*. Cassaro M A and Romero E M edited, Mexico City, 1986: 55-69.

[67] Celebi M, Prince J, Dietel C, et al. The culprit in Mexico City-Amplification of motions. *Earthquake Spectra*, 3 (2), 1987: 315-328.

后　记

　　日本东京大学的川口健一教授曾赠给我一本他编著的名为《专家教你了解建筑的全部》(「プロが教える建築のすべてがわかる本」) 的科普书。这本全彩色印刷的精美小书通过大量难得一见的图片与图像资料和精练而到位的讲解，生动地介绍了与建筑相关的施工、结构、材料、装修、防灾以及环保等方方面面的内容。看似一本花花绿绿的写给外行人看的科普书，却因为内容翔实，叙述严谨而使内行人读来也受益匪浅。

　　掩卷静思，我国似乎非常缺少这种"外行人也能看懂的内行书"，起码在建筑结构领域是缺少的。这种书是公民教育不可或缺的一部分，也是提高公民防震减灾意识的有力工具。

　　这本《结构札记》在讲述上力求平实易懂。一个表现就是尽量避免使用公式。尽管如此，读任何书要觉得有趣，能够读进去，总需要一颗宁静的心。前不久网上流传着一个"死活读不下去排行榜"。《红楼梦》和《百年孤独》这两部让我读完一遍还想再读一遍的书居然高居排行榜的第一和第二。平实易懂不意味着对快餐式阅读的迁就，而仅仅是抽去艰涩的推导和论证，以生动的形式讲述严谨的内容。

　　这本小书以我的博客为底本，又经过一年多的添削修订而成。它以现代地震工程为主线，同时涉及对建筑、结构、城规、艺术等方方面面的思考。正如本书序言所述，将博客结集成书是叶列平教授的建议。叶老师是我在清华大学时期的导师。实际上，我在 2008 年汶川地震之后开始以博客为平台传播建筑抗震知识也是叶老师提议的。汶川地震后在讨论学校建筑震害的过程中，叶老师曾在一封邮件中这样对我说：

"（要解决学校建筑的抗震问题，）经济是一个很大的障碍。砌体结构毕竟便宜。这需要通过必要的立法解决。中国的问题很复杂，只能通过自组织系统原理，慢慢去完善。你可以搞一个博客，发表一些观点，算是加速自组织系统的进程。"

将社会视为自组织系统，社会的进步由系统的自组织力量推动，是系统科学的观点。系统的组织需要信息，网络通过信息的快速传递推动着社会系统的自组织进程，推动着社会的进步。六年前的这封邮件为本书的写作埋下了伏笔。

在地震工程研究的道路上对我影响很大的另一位导师是东京工业大学的和田章教授。他是日本建筑界的领军人物，也是"损伤控制结构"的鼻祖。我关于建筑损伤控制的学术思想的形成深受他的影响。前不久，和田先生与他人合著的「建築物の損傷制御設計」一书的中文版刚刚问世（中文书名为《建筑结构损伤控制设计》）。该书日文版在日本有很大的影响，与本书相比包含了更多的理论推导、工程实例和技术细节，专业性更强。若将这两本书配合起来阅读，相信会对建筑结构的地震损伤控制思想有更好的理解。

我的妻子杨京华女士可以说是本书的第一位读者。文科出身的女生总不屑于阅读理工科男生的文字，尤其是关乎专业知识的文字。这一次她起初也不情愿，读着读着却津津有味地一口气读完了全书。虽然一定是囫囵吞枣，却让我相信这本书写得还有点儿意思。

中国地震局工程力学研究所王海云研究员为本书的完善提出了许多宝贵意见，出版社的编辑与审校专家也为本书的出版做出了巨大的努力，在此表示衷心的感谢。

曲 哲

2013 年夏于燕郊